KB265192

진주의 지질과 화석

진주의 지질과 화석

진주문화를 찾아서 10
진주의 지질과 화석

———

초　판 1쇄 인쇄　2008. 3.　7.
초　판 1쇄 발행　2008. 3. 12.

———

지은이　서승조
펴낸이　김경희
펴낸곳　㈜지식산업사
　　　　본사: 경기도 파주시 교하읍 문발리 520-12
　　　　서울사무소: 서울시 종로구 통의동 35-18
　　　　전 화　본사: (031)955-4226-7　서울사무소: (02)734-1978
　　　　팩 스　본사: (031)955-4228　　서울사무소: (02)720-7900
　　　　인터넷한글문패　지식산업사
　　　　인터넷영문문패　www.jisik.co.kr
　　　　전자우편　jsp@jisik.co.kr

———

등록번호　1-363
등록날짜　1969. 5. 8.

———

ⓒ 서승조, 2008
ISBN 978-89-423-4830-5　03380
ISBN 978-89-423-0034-1　(세트)

———

책값은 뒤표지에 있습니다.

———

이 책을 읽고 문의하고자 하는 이는 지식산업사 전자우편으로 연락 바랍니다.

진주의 지질과 화석

서승조 글/사진

지식산업사

진주문화를 찾아서

새 천년의 문턱을 넘어 첫발을 내딛으면서 우리는 진주문화를 찾아서 길을 나섰다.

돌이켜 보면 우리 겨레는 지난 세기 동안에 참혹한 시련을 겪었다. 앞쪽 반세기 동안에는 왜적의 지배 아래 값진 삶의 전통을 이지러뜨리고 여지없는 수탈로 굶주림에 시달렸다. 뒤쪽 반세기 동안에는 미·소 두 패권에 깔려 조국이 동강 나서 싸움의 불바다를 겪고, 남북의 독재 권력에 짓눌려 마음껏 살아볼 수가 없었다. 그러나 남쪽에서는 수많은 사람들이 피로써 독재 권력과 싸우며 겨레의 전통과 문화를 되살리는 길을 찾으려 안간힘을 다한 나머지, '80년대를 들어서면서 마침내 독재를 내쫓고 전통을 살리는 길이 보이기 시작했다.

우리 고장 진주에서도 얼이 깨어 있고 마음이 젊은 사람들이, 갖가지 모임을 만들어, 전통문화를 살리고 사람답게 살려고 마음을 모아 일어섰다. 어떤 모임은 자연을 살리고, 어떤 모임은 말을 살리고, 어떤 모임은 정치를 살리고, 어떤 모임은 언론을 살리고, 어떤 모임은 예술을 살리고, 어떤 모임은 농사를 살리고, 어떤 모임은 힘겹게 사는 이들을 살리고…… 이 모든 일들 안에서 짓밟혔던 겨레의 전통을 되살리고자 했다. 그리고 오래 잊지 못할 여러 일들을 이미 이루어서 우리 모두 자랑스러워하고 있다.

　이런 세상의 흐름을 타고, 우리가 진주문화를 찾아서 나설 수 있었던 힘은, 무엇보다도 '남성문화재단'에서 나왔다. 이 재단이 진주문화의 지킴이며 지렛대임은 진주 사람들이 두루 아는 사실이거니와, 우리가 진주문화를 찾아 나선 뜻이 남성재단이 이루려는 뜻과 어우러지는 것을 자랑스럽게 생각한다. 그리고 이런 뜻이 진주문화를 사랑하는 모든 사람들과 또 다른 고장 사람들에게로 번져 나갈 수 있으면 우리 일에 더없는 보람이 되겠다.

'진주문화를 찾아서' 편간위원회

차 례

1. 진주의 지질 경관

자연을 아름답게 보이도록 하는 데에는 지질의 몫이 아주 크다. '진주 8경' 만 하더라도, 촉석루, 의암, 뒤벼리, 새벼리는 지질을 이루는 바위이거나 지층과 뗄 수 없는 것이며 망진산 봉수대, 비봉산의 봄, 월아산의 해돋이, 진양호의 노을 같은 것들도 산과 호수라는 지질과 연관을 맺고 있는 셈이다.

지질로서 자연을 아름답게 보이려면 어떤 과정을 겪어야 하며 또 어떤 특징을 지니고 있어야 할까? 첫째, 바위나 잘려진 지층이 겉으로 드러나 있어야 한다. 흙이나 식물로 덮여 있어서는 지질로서의 아름다움을 만들어낼 수 없다. 그냥 경치일 뿐이다. 둘째, 규모가 커야 한다. 그래야 지질 전문가가 아닌 일반인의 눈에도 잘 띄기 때문이다. 그리고 규모가 큼으로써 웅장한 아름다움을 드러내는 법이다. 셋째, 사람이 가까이 가기 좋아야 한다. 차를 타거나 걸어서 쉽게 다다를 수 있는 곳에 있어야 한다. 주차 공간이 있거나 안전하게 사람들이 지나다닐 수 있으면 더욱 좋다. 이런 점을 생각하여 아름다움은 조금 떨어지더라도 여러 가지 지질 자료를 간직한 곳을 몇몇만 살펴보자.

촉석루와 물결 자국

촉석루(矗石樓)는 진주 8경 가운데 제1경으로 진주의 상징이자 영남 제일의 누각이다. 진주성 남쪽 돌벼랑 위에 장엄하게 높이 솟아 진주성의 위상을 대변하고 있다. 촉석루는 고려 고종 28년(1241년)에 진주목사 김지대가 창건하였으며, 1950년 6 · 25 전쟁으로 불탄 것을 1960년 진주고적보존회에서 중건하였다. 쌓아 올린 돌벼랑 위에 세

운 다락이라는 뜻을 지닌 촉석루를 받치고 있는 절벽은 남강 건너에
서 보면 동쪽으로 비스듬히 기운 지층이 볼 만하다. 오랜 세월동안 강
물에 침식을 받아 절벽을 이루었으며 의암은 절벽 위에서 떨어져 내
린 바위가 물결에 깎여진 것이다. 의암은 이른바 전석(轉石 ; 본디 바
위의 조각이 떨어져 나온 것)으로서 아름다움보다 역사에서 빚어진
거룩한 의미를 간직하고 있다. 촉석루라는 이름의 바탕인 퇴적암 지
층은 본디 수평이었던 사암이 지각 변동으로 서쪽이 올라가고 동쪽이
내려간 탓에 비스듬하게 누워 있게 되었다. 그래도 지층이 대체로는
반듯하게 이어졌으므로 촉석(矗石 ; 쌓아 올린 돌)이란 이름을 붙였
다고 볼 수 있다.

촉석루 부근의 지질을 곰곰이 들여다보면 퇴적암이 가지는 퇴적

<그림1> 진주 성지공원 남쪽 남강변에서 관찰되는 물결 자국. 아래 · 위층에 기록된 물결 자국을 보면 물결
의 진동 방향이 변한 것을 볼 수 있다.

구조 세 가지를 쉽게 찾아볼 수 있다. 그 가운데 하나는 지난날 호수가에서 얕은 물밑에 가라앉아 있던 고운 모래가 물결로 일어난 물 분자 운동의 영향을 받아 물결 자국을 보이는 것이다. 물론 지금은 단단한 바위가 되어 있지만 만들어지던 당시에는 모래나 흙이 물결 모양으로 봉우리와 계곡을 만들어 가지고 있었다. 〈그림1〉에서 보이는 것처럼 물결 모양의 봉우리가 길게 만들어지면서 이웃한 것들과 나란하게 되는 게 보통이다. 〈그림1〉에서는 두 개의 물결 자국을 볼 수 있는데, 위의 것과 아래 것이 저마다 다른 층에서 만들어진 것이기 때문에 서로 나란하지 않으며, 시기가 달랐으므로 서로 다른 환경에서 만들어졌음을 알 수 있다. 또 만들어지던 때 두 방향의 물결이 서로 간섭을 해서 간섭 물결이 되면 물결 자국도 간섭 물결 자국이 되게 마련이다. 물결 자국은 여러 가지 모습을 보이는데, 이곳에서는 흔한 평행 물결 자국과 간섭 물결 자국이 나타나 있는 것이다.

물결 자국의 단면을 보아 대칭이냐 비대칭이냐 하는 것(〈그림2〉)도

〈그림2〉 〈그림1〉 촬영지 부근에서 보이는 물결 자국의 단면.

중요한 정보를 제공해 준다. 만약 대칭이면 물결이 호수 같은 곳에 간혀서 일정하게 진동하면서 만들어진 것이므로 자국을 만들던 때의 옛 지형을 이해할 수 있다. 비대칭인 경우는 자국을 만들던 때에 물이 일정한 방향으로 흘렀다는 사실을 알려 준다. 이곳 촉석루 일대에서 발견되는 물결 자국은 평행 물결 자국과 간섭 물결 자국이 발견되지만, 평행 물결 자국은 대칭을 보이고 있다. 따라서 이곳의 지층이 만들어진 곳은 호수의 연안으로 물이 얕은 환경이었음을 짐작할 수 있다.

다른 하나의 퇴적 구조는 사층리(斜層理)이다. 일반적으로 층리는 수평으로 발달되는 것이 대부분이지만, 사층리의 경우는 층리가 수평 방향에 대하여 경사지게 발달한다. 그것은 물이 흐르는 속도가 빠를 때 생기는 현상으로 과거에 물이 흐른 방향을 알아내는 데 유용하게 활용될 수 있다. 진주 지역에서 그 당시 물이 흐른 방향은 대략 남동쪽이었던 것으로 해석된다.(〈그림3〉 참조)

그밖에 단층이 만들어진

〈그림3〉 성지공원 남강가에서 많이 보이는 사층리. 사진은 공원 매점 동편에 있는 작은 문을 지나 강가에 있는 사층리.

〈그림4〉 아래·위 두 암반이 어긋나게 움직이면서 생긴 틈새에 방해석이 채워진 모양을 보이는 드래그 폴드. 〈그림14〉 가까이에 있으며 절벽 아래쪽에서 보인다.

모습도 보인다. 자그마한 단층 작용으로 생긴 드래그 폴드(drag fold ; 단층선 부근에 생긴 S자 모양의 틈들)의 S자 틈을 흰색 방해석(方解石)이 채우고 있다. 근처 가까이에는 퇴적암 지층에서 흔히 발견되는 둥근 공 모양 구조(ball structure)도 많이 나타난다.

의암은 정말 움직이는가?

진주 8경 가운데 제2경인 의암(義岩)은 임진왜란 이전까지는 위험하다는 의미의 '위암(危岩)'으로 불렸다. 의기(義妓) 논개(論介)가 왜장을 끌어안고 투신한 뒤로 그 이름이 지금과 같이 바뀐 것이다.

의암은 큰 몸통 바위에서 떨어져 나와 물에 잠겨 있는 형태인데, 몸통 바위와 의암 사이에 있는 틈은 나라의 시국 사정에 따라 커졌다가 작아졌다가 한다는 말이 전해 오고 있다. 곧 전쟁이 일어나거나 외

〈그림5〉 의암

16

적의 침입이 있을 때에는 틈이 작아졌다가 다시 평화가 찾아오면 틈이 벌어진다는 것이다.

그러나 현장 조사를 하여 본 결과 의암은 본디 곁에 있는 큰 암반에 붙어 있지 않았다. 〈그림5〉에서 보듯이 몸통 바위(암반)에 드러나는 지층면의 방향(층리 방향)은 동쪽으로 기우는데 의암 바위의 층리는 거의 수평이다. 또 지층 단면에서 보이는 갈라진 면(절리면)의 방향도 암반과 의암은 서로 다르다. 이런 사실은 의암이 암반에 붙어 있지 않았다는 뜻으로 암반과 의암 사이의 틈이 커지거나 작아질 수 있다는 사실을 말해 준다.

과학적으로 따져 보면, 의암 아래에 모래층이 있거나 또는 의암 자체가 암반 위에 붙어 있지 않고 그저 '얹혀 있어서' 중력이나 물의 흐름 같이 외부에서 주어지는 힘에 따라 의암의 자세가 변하거나 수평으로 움직일 수 있다고 해석되는 것이다. 의암의 크기는 보이는 면에서 긴 변이 3.65미터이며 짧은 변은 3미터이나 깊이는 알 수 없다. 물에 잠긴 부분 아래로 모래에 묻혀 있는 부분도 상당할 것이기 때문이다.

뒤벼리는 진주 8경 가운데 제3경이다. 뒤벼리란 '뒤쪽에 있는 벼랑(낭떠러지)'을 말한다. 이곳은 크게 돌아 흐르는 남강가에 자리 잡아 서쪽을 바라보고 있어 해질 무렵에는 석양을 받아 절경을 이룬다. 지금은 확장된 도로변의 절벽으로 도로를 넓히면서 사암을 잘라 내어 생긴 절벽이다. 절벽은 글자 그대로 경사가 급하여 돌이 떨어질 수 있으므로 곳곳에 철망으로 막아 놓았다.

뒤벼리의 절벽을 이루는 지층은 지질학적으로 대단히 중요한 의미

를 지니고 있다. 경상누층군 신동충군의 가장 위에 오는 진주층(뒤에
자세한 설명이 나옴)의 특징을 가장 잘 보여 주는 대표적인 지점이기
때문이다. 그래서 뒤벼리는 진주 8경 가운데 꼽힐 정도로 외형도 좋
지만 지층을 이루는 암석 그 자체도 귀한 것이다.

우리 생활 주변에서 쉽게 만나는 지질 소재들도 관심을 가지고 보
는 사람에겐 적잖은 의미가 있다.

서부 진주의 유명한 등산로에는 석갑산을 지나 숙호산으로 가는
길이 있다. 최근에 새로운 도로를 만들면서 중간에 등산로가 잘라지
는 일이 생기기는 했지만 약간 두르면 본디 길이 다시 나타나므로 그
명성을 아주 잃지는 않았다. 이 등산로는 바로 진주층의 가장 아랫부

〈그림6〉 동쪽으로 기운 뒤벼리의 지층 모습.

분과 하산동층의 가장 윗부
분을 거쳐 지나게 된다. 관
심 있게 땅을 보면서 산행
을 하는 사람은 두 지층의
차이인 붉은 암석이 있는지
없는지를 알 수 있다. 붉은
암석을 포함하는 쪽이 하산
동층이므로 서쪽으로 걸어
가면서 붉은색 지층이 나타
나면 그곳부터 하산동층이
시작된다고 보면 된다. 물
론 하산동층을 구성하는 암
석이 모두 붉은색은 아니
고, 붉은색 지층은 하산동

<그림7> 석갑산 등산로 길바닥에 풍화된 암석이 보인다.

층의 시작과 끝에 반드시 나타난다는 사실을 이해하면 된다.

이와 아울러 암석이 풍화되어 나타나는 현상인 양파 구조(onion
structure)를 볼 수도 있다. 양파 구조는 땅 속 깊은 곳에서 만들어진
암석이 지표에 드러나면서 누르고 있던 암석이 없어짐에 따라 압력이
감소되고, 물의 작용으로 화학적 풍화가 이루어지므로 생기는 것이
다. 모든 종류의 암석에서 풍화할 때 만들어질 수 있는 구조이다. 이
단계를 거쳐 큰 바위는 작은 자갈이나 모래 또는 흙이 되며 중심 부분
의 암석은 둥근 모양의 이른바 '알돌'로 남아, 화강암 등에서 볼 수
있는 둥근 구조가 만들어지게 된다. 설악산의 유명한 흔들바위도 결국

<그림8> 풍화된 암석 가운데에는 사진과 같은 양파 구조가 발달된 것을 자주 볼 수 있다.

<그림9> 기계적 풍화의 일종인 박리 작용에 의해 암석의 표면이 얇게 떨어지는 현상.

이런 현상으로 생긴 것이다. <그림7>, <그림8>은 석갑산 등산로 길 바닥에 나타난 양파구조 사진들이다.

의암 부근의 사암 바닥. 촉석루에서 의암으로 내려가는 길바닥은 사암으로 된 노두(露頭 ; 땅 밖으로 밀고 나와 드러난 바위나 지층의 머리)로 표면이 얇게 떨어져 나가고 있는 현상을 볼 수 있다. 이 현상도 양파 구조가 되듯이 풍화 작용에 의하여 암석 표면이 얇게 떨어져 나가는 현상이다. 이런 현상도 모든 암석에서 두루 나타나는 것이지만 입자가 작은 화성암이나 퇴적암에서 흔히 볼 수 있다.(<그림9>)

'명석 자웅석' 과 거기 딸린 이야기들

진주에는 우는 돌 '명석' 에 관한 설화가 있다. 진주시 명석면 신기리 도로변에 경상남도 민속자료 제12호로 지정된 '명석 자웅석' 이 바로 우는 돌인데 안내판에는 다음과 같은 설명이 있다.

이 돌은 형태가 남자의 성기와 여자의 족두리 모양을 닮았다 하여 자웅석이라 하며, '운돌' 혹은 '명석(鳴石)' 이이라고도 한다. 이 돌이 운돌이 된 사연은 다음과 같다. 고려 말에 왜구의 침입에 대비하여 진주성을 정비하였다. 이때 공사에 동원된 광제암의 승려가 공사를 끝내고 절로 돌아가다 이곳에서 급히 굴러오는 돌 한 쌍을 만났다. 승려가 "영혼도 없는 돌이 어디를 가느냐?" 라고 묻자, 돌은 "진주성 공사에 고생하는 백성을 도와 성 돌이 되려고 간다." 라고 하였다. 이에 승려가 "성은 이미 다 쌓았다." 라고 하자, 돌은 그 자리에 서서 크게 울며 눈물을 흘렸다고 한다. 이에 감복한 승려가 이 돌을 '보국충석(報國忠石)' 이라 하여 아

<그림10> 명석면 신기리에 있는 민속자료인 '명석 자웅석' 한 쌍.

〈그림11〉 전봉기 씨는 자기 집의 이름을 '햇빛동산' 이라 하여 돌들을 울리지 않고 웃게 만든다고 한다.

홉 번 합장배례하고 떠났다고 한다. 그 이후에도 이 돌은 나라에 큰 일이 있을 때마다 사흘 동안 크게 울었다고 한다.

원래 이 자웅석은 다산과 풍요를 빌던 선돌(입석)이었다. 그러나 세월이 흐르면서 사람들의 현실적 고통을 덜어주고 안녕을 가져다주는 역할로 바뀌었다. 그리하여 이 운돌 이야기가 만들어졌다고 할 수 있다. 그런 점에서 이 자웅석은 세월의 흐름에 따라 민간의 숭배 대상도 그 기능이 변화하여 간다는 사실을 보여주는 좋은 자료라고 할 수 있다. 지금도 이곳 사람들은 해마다 음력 3월 3일이 되면 자웅석 앞에서 나라와 마을의 안녕과 풍년을 기원하는 동제를 거행하고 있다.

지질학적으로 이 지역은 하산동층이 분포하는 곳이다. 주로 사암과 셰일(shale ; 점토 등이 쌓여 굳어진 암석. 쪼개지는 성질을 지님)로 되어 있으며 붉은색을 띠는 지층을 포함하는 특징을 지니고 있다. 그런데 자웅석은 암질로 보아 이곳 지질과는 아주 다른 화성암이다. 지질도를 보면 여기서 북쪽으로 약 3킬로미터 떨어진 집현산 산정 부근에 퇴적암을 뚫고 들어온 반심성암인 암맥이 나오는 것으로 보아,

그 일부가 떨어져 나와 계곡을 따라 구르면서 풍화와 침식 작용을 받아 지금의 모양으로 만들어지게 된 것으로 보인다.

이곳을 지나 산 위로 올라가면 저수지가 나타나고 자동차가 겨우 지날 수 있는 길을 더 오르면 키가 큰 나무들 사이에 돌담으로 둘러 만든 집이 하나 나타난다. 이 집을 지은 주인공 전봉기 씨는 70대 초반으로서 30여 년 전에 떠돌이로 이곳에 들어온 사람이다. 그는 '자웅석' 이 진주성 돌이 되지 못해 울었다는 이야기를 듣고 주위에 흩어져 있는 많은 산돌들도 같은 신세로 버림받아 울었을 것으로 여겨 한 곳에 모으기 시작하였다. 거의 자그마한 돌들이지만 그 가운데에는 지름이 100센티미터에 이르는 큰 돌들도 있다. 이렇게 커다란 돌은 10년도 넘게 걸려서 집까지 운반하여 식탁으로 쓰기도 하고 또는 담 쌓는데 쓰기도 하였다. 요즘에는 언론에 알려지면서 관광객도 가끔

찾아오는 '햇빛동산' 으로 알려졌다. 이곳 바위의 암질은 사암이 대부분이다.

〈그림12〉 전봉기 씨의 집. 집현산에 흩어진 돌을 모아 담을 만들고 바닥을 돌로 덮었다. 식탁의 의자도 돌이다.

2. 진주층이란?

진주성 남강변에 드러난 지층 단면은 경사가 졌다

남강 건너 대나무 밭에서 촉석루 쪽을 보면, 오랜 세월에 걸쳐 강물에 깎인 지층 단면을 볼 수 있다. 지층은 모두 오른쪽(동쪽)으로 10도 정도 기울어져 있다. 또 음악분수대가 설치되어 있는 나불천이 흘러 들어오는 곳, 서장대 아랫부분에는 회색의 지층 단면이 보인다. 강물을 따라 내려가면서 이들 지층을 보면, 중간의 일부는 대나무 밭에 가려 보이지 않으나 촉석루 아래에서는 아주 잘 보인다.

여기서 우리는 서쪽의 지층이 동쪽의 그것에 견주어 아래에 놓여 있으니 쌓인 시기가 오래되었다는 사실을 알 수 있다. 비스듬하게 기운 지층의 두께를 알아내는 방법은 지면에서 보이는 지층의 폭과 그 기울기에서 구해낼 수 있다. 촉석공원 아래에 놓여 있는 사암과 셰일로 된 지층의 총 두께는 100미터를 조금 넘는다.

<그림13> 진주층의 단면을 잘 보여 주는 촉석루 부근. 남강물과 지층이 맞닿은 곳 가까이에 의암이 있다.

지층의 경사 값을 알고 진주층이 땅 표면에 드러나 있는 폭을 측정하여 구한 진주층의 전체 두께는 진주 지역에서 1200미터, 합천에서 1000미터 그리고 경북 의성에서 600미터이다. 북쪽으로 갈수록 점점 얇아지는 경향을 보인다는 뜻이다. 이때 지층을 구성하는 암석 노두가 흙이나 숲으로 덮여 있거나 도시의 도로나 건물로 덮여 있으면 같은 성질의 지층이 있을 것으로 보고 지층 두께를 합산한다. 물론 안 보이는 경우에도 지층이 연장되어 발달한다는 원리를 이용한다면 부근의 지층으로부터 정보를 얻을 수도 있다.

망진산 절벽에 드러난 지층 단면은 수평인가?

진주시 서쪽 곧 평거동 쪽에서 바라본 망진산의 잘린 면은 수평 지층이 쌓여 있는 듯이 보인다. 앞에서 본 촉석공원 남강변의 단면이나 뒤벼리의 기울어진 지층과는 사뭇 다르게 보인다. 그러나 실상은 양쪽 지층의 기울기가 달라진 것이 아니라 사람들이 바라보는 방향이 달라진 것이다. 사람의 인물을 볼 때 보는 방향에 따라 코의 크기가 달라 보이는 것과 같이, 망진산을 이루는 지층도 서쪽에서 동쪽으로 기울어졌는데 절벽이 서쪽으로 드러나 있기 때문에 기울어진 모습을 사람의 눈으로 볼 수가 없는 것이다. 다시 말해서 진주층 퇴적암 지층의 기울기는 촉석루 부근에서나 망진산에서나 모두 같지만, 지층을 깎아서 드러내 보여주는 남강 물의 흐름이 방향을 달리하여 다른 모습으로 보여 주는 것이다.

진주에서 볼 수 있는 암석은 이른바 층석들이다. 층석이란 말은 층

<그림14> 망진산에서 본 진주층은 마치 수평층인 듯 보이나 실제는 사진 뒤쪽으로 10도 정도 기울어졌다.

을 이룬 돌이라는 뜻에서 나온 말로 과학 용어는 아니다. 남강에서 물 밑을 자세히 들여다보면 강바닥에 흙이나 모래가 가라앉아 있은 것이 보인다. 가끔 큰물이 흐를 때 보게 되면 자갈이나 큰 돌멩이들이 굴러가는 것도 볼 수 있다. 이런 흙이나 모래는 대개 수면과 평행하게 물 밑에 쌓인다. 이들 퇴적물 위에 다시 퇴적물이 쌓이고 또 쌓이기를 반복하면서 자신들의 무게로 다져지고 진흙 같은 성분이 알갱이들을 붙이고 하여 오랜 세월이 지나는 동안 돌이 되면, 이것이 바로 퇴적암이 된다. 물론 강바닥뿐 아니라 바다나 호수의 바닥에서도 같은 일이 생길 수 있으며 물 속이 아닌 대기 중에서도 생길 수가 있다. 곧 사막 같이 모래가 두껍게 쌓이는 곳에서도 같은 현상이 생길 수 있는 것이다.

28

진주와 진주 주변에서 보이는 퇴적암은 호수 바닥과 강바닥에서 쌓여 만들어진 두 가지가 모두 보인다.

남강변에 보이는 퇴적암의 빛깔

남강변에 보이는 퇴적암을 자세히 살펴보면 모래 알갱이가 보이는 층과 그렇지 않는 층이 교대로 되어 있다. 모래가 보이면 사암이고 안 보이면 셰일이다. 전문가들은 이런 성질의 지층으로 구성된 두께 약 1000미터 되는 이 층을 진주층이라고 이름을 붙였다. 진주층은 동쪽으로 비스듬히 누워 있어 땅 표면에서 보면 좁은 띠를 만들어 남해안 서포 앞바다에서 시작하여 대략 북북동 쪽으로 벋어 나가다가 대구 근처부터는 거의 정북쪽으로 안동군 풍천면 낙동강 남쪽까지 이어져 나가고 있다. 그러니까 진주층이라 해서 진주에만 있는 것은 아니라는 말이다.

진주층이라는 이름은 1910년에 일본 학자 다데이와(쇼岩)가 처음으로 제안하였다. 그는 20대 후반의 젊은 나이로 한반도에 건너와 말을 타고 다니면서 지질 조사를 하였다. '미개척지(?)'인 조선 땅의 지질 자료를 파악하여 각종 토목이나 건축 사업의 기초 자료로 삼으려 했을 것이다. 그뿐 아니라 여러 가지 광물 자원을 발굴할 근거를 찾으려고도 했을 터이다.

그는 대구, 왜관, 영천, 경주를 중심으로 지질 조사를 하여 5만 분의 1 축척의 지질지도를 만들었다. 이때 그는 대구 서쪽을 지나는 회색 내지 검은색의 사암과 셰일이 교대로 쌓인 지층의 이름을 그곳으로부터 100킬로미터 이상 떨어진 진주의 이름을 따서 진주층이라 붙였다.

그러나 대구 부근의 진주층은 진주에서 거리가 멀다는 이유로 진주층이 지나가는 대구광역시 칠곡군 동명면의 이름을 따서 동명층으로 부르기를 주장한 학자가 있었고, 지금도 이를 따르려는 사람들이 있다. 심지어 진주에 널리 자리 잡은 진주층까지 동명층으로 불러 황당하게 만들기도 한다.

1910년 당시 진주는 경상남도의 도청소재지였고 서부 경남 농업의 중심지여서 이름을 붙인 다데이와는 틀림없이 이곳까지 다녀가기도 했을 것이다. 지층의 이름을 지을 때에는 반드시 특징을 가장 잘 나타내는 지역의 지명을 따게 되는 법이다. 이때 한 지점을 정하여 표식지로 삼게 되는 것인데, 진추층의 표식지가 된 곳은 뒤벼리 절벽이 있는 곳이다. 곧 진주층의 가장 대표적인 곳이 바로 진주의 뒤벼리라는 말이다.

진주층은 각종 화석의 보고이다. 진주교육대학교 본관 공사를 하면서 땅을 파낼 때에도 잠자리 유충 화석이 아주 많이 나왔다. 지질 답사란 도시락을 싸서 배낭을 메고 나가야 하는 것만이 아니고 연구실 턱 밑에서도 가능하다는 점을 보여 준 일이었다. 덕분에 필자는 가만히 앉아서 많은 화석을 채집할 수 있었다. 경상대학교 가좌동 캠퍼스 안에도 진주층 노두가 많이 보인다. 자세히 들여다보면 많은 식물 화석이 눈에 띄기도 한다. 진주층은 이처럼 여러 가지로 많은 동물과 식물의 화석을 품고 있다.

진주층의 아래·위에 있는 지층

진주시의 동쪽, 문산에서는 퇴적암 지층의 단면을 잘 볼 수 있다. 몇 년 전에 개통한 진주시 가좌동에서 문산을 지나 진성에 이르는 14번 국도의 도로 절단면을 보면 가좌동 쪽에서 검은색을 보이던 암석의 빛깔이 문산에 오면 붉은색으로 바뀌면서 진주국제대학을 지나 진성까지 이어진다. 지층이 동쪽으로 가면서 기울어지는 현상을 보이므로 이 붉은색의 지층이 검은색 지층 위에 놓이는 셈인데, 아래쪽이 칠곡층이고 위쪽이 함안층이다.

칠곡층과 함안층은 그 표식지를 각각 칠곡과 함안에 두어서 그렇게 이름을 붙인 것이다. 이들 두 지층은 진주층과 우선 빛깔이 다르다. 그것은 암석을 구성하는 광물 입자가 다르기 때문인데, 붉은 빛깔이 나는 것은 산화철을 많이 머금고 있기 때문이다. 전문가들은 그런 까닭을 이들 두 퇴적 지층의 퇴적 환경이 다르기 때문이라고 설명한다. 곧, 진주층은 호수 같은 깊은 물 밑의 환원 환경에서 만들어졌고 칠곡층과 함안층은 하천의 얕은 물 밑의 산화 환경에서 만들어졌다는 것이다. 산화 환경에서는 퇴적물 속에 들어있던 철분을 포함하는 알갱이들이 산화철이 되며 석영 같은 다른 알갱이를 산화철로 둘러싸서 붉은빛을 띠는 알갱이로 만들어 전체적으로 붉게 보인다.

물론 칠곡층과 함안층도 대구까지 이어져서 분포한다. 언젠가 대구에서 "왜 청석(층석을 잘못 발음하여 '푸른 빛깔의 돌'이라는 뜻으로 말함)이 푸른색이 아니고 붉은색이냐" 하는 질문을 받은 적이 있다. 아무튼 칠곡층과 함안층은 붉은 빛깔을 띠는 층석(과학적 용어는 아님)인 셈이다.

　진주시의 서쪽, 나동면 유수리 일대와 진양호 소싸움 경기장 부근에도 뒤벼리의 지층과는 다른 빛깔의 퇴적암 지층이 보인다. 지층의 생김새를 보면 진추층의 아래에 위치하므로 진주층이 쌓이기 이전의 지층임에 틀림없다. 이름 하여 하산동층이라 한다. 물론 하산동도 지명인데, 대구광역시 달성군 하빈면 하산동이란 마을에 나타나는 지층에서 그 특징을 잘 볼 수 있기 때문에 하산동층이라 부른다. 이 지층도 지표에서 보면 진주층의 왼쪽을 따라 대구까지 올라간다. 대구에서 가까운 팔공산 이북과 이남이 퇴적 당시에 각각 다른 작은 분지였다고 해석하는데, 하산동층, 진주층, 칠곡층은 계속 연장되면서 이름이 변하지 않으나 함안층은 팔공산 남쪽자락에서 이름과 함께 사라지고 북쪽으로는 다른 이름의 지층이 쌓여 있다.

진주에서는 잘 보이지 않는 화강암

　화강암은 많은 사람들에게 널리 알려져 있다. 건물의 외벽이나 바닥재로 많이 쓰이는 화강암은 그 빛깔 때문에 한때 쑥돌이라 불리기도 하였다. 이는 흰색 바탕에 까만 점들이 들어 있어 마치 쑥으로 떡을 만들었을 때 또는 쑥을 말려서 솜을 만들었을 때의 빛깔과 흡사하기 때문에 생긴 이름이다. 이 화강암은 우리나라 여러 곳에서 많이 나온다. 그런데 그처럼 흔한 화강암 산지를 진주에서는 쉽게 찾을 수가 없다. 지질지도에는 아주 좁은 면적으로 나타나지만 지표에서 일반인이 찾아보기는 어렵다.

화강암은 분류상으로 화성암에 속한다. 땅 속의 마그마가 식어서 된 것으로 비교적 풍화에 강한 석영과 장석을 지니고 있다. 이들은 대체로 희게 보이지만 까만빛을 띄는 광물인 흑운모와 각섬석을 포함하고 있어서 쑥색을 띤다. 화강암 주변에는 각종 광상(鑛床 ; 경제적인 가치를 지니는 광석이 모인 곳)이 형성되며 광산이 개발되기도 한다. 진주에는 반성면 월아산에 아주 작은 화강암체가 있고, 지수면의 방어산에 역시 작은 화강암체가 있으나 뚜렷한 광상이 형성된 자취는 없다.

마산의 무학산이나 남해의 금산이 바로 화강암 산이다. 화강암 산을 멀리서 쉽게 확인할 수 있는 방법은 산을 이루는 암석의 빛깔이다. 무학산이 춤추는 학(舞鶴, 두루미)이란 이름을 얻은 곡절은 바로 이 산이 두루미의 털처럼 하얀 빛을 띠기 때문이다. 금산도 마찬가지로 희끗희끗한 빛깔을 보인다. 금산에 비단 금(錦) 자가 붙은 것은 산의 빛깔과는 상관없는 조선을 건국한 이성계 장군에 얽힌 전설 때문이다.

우리나라 산에 화강암이 많은 것은 화강암의 분포지가 워낙 많을 뿐 아니라, 이 암석은 풍화에 강한 성질을 지녀서 풍상을 이기고 살아남았기 때문이다. 건축물이나 조각품에 이 암석이 많이 쓰이는 까닭은 색깔이 밝고 풍화에 강하며 결이 없어 쪼개지는 성질이 없기 때문이다. 그러나 화강암에도 여러 가지가 있어서 쓰임새에 따라 잘 팔리는 종류가 따로 있다. 대리석이 많이 나지 않는 우리나라에서는 비석이나 탑을 만드는 데 광물 입자의 크기가 작은 화강암과 화강암 성질을 가진 암석들을 많이 쓴다.

진주에서 볼 수 있는 다른 지층들

지금 진주시의 행정 경계는 동서로 긴 삼각형 비슷한 모양으로 생겼다. 진주층을 비롯한 하산동층, 칠곡층 같은 지층은 그 분포가 대략 남북으로 발달하였기 때문에 동서로 길쭉한 진주시의 한 가운데 자리 잡고 시 면적의 대부분(약 75퍼센트)을 차지하고 있다. 그리고 하산동층의 서쪽에는 하산동층보다 아래에 놓이는 낙동층이 자리 잡고 있으며, 칠곡층의 동쪽에는 칠곡층 위에 놓이는 함안층과 신라역암층 그리고 진동층이 차례로 분포하고 있다. 특히 함안층은 진주층이나 하산동층의 면적에 견주어도 모자람이 없을 만큼 면적이 넓다. 이들 여러 지층의 층위와 만들어진 환경은 뒤에 나오는 '진주시 진성면 상촌리 공룡 발자국 화석 발굴' 관련 내용을 참조하고, 이들 지층의 자세한 분포 지역은 〈그림37〉를 보면 잘 알 수가 있다.

촉석루의 야경

3. 경상분지와 진주층

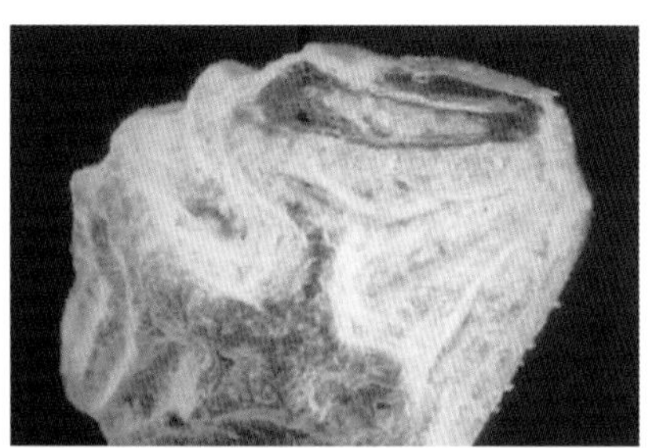

진주층의 층위

경상도와 전라도는 지형이 많이 다르다. 물론 다른 지역과도 지형이 같지는 않다. 가장 큰 이유는 이 땅을 이루고 있는 지질이 다르기 때문이다. 지질의 속내를 부호나 빛깔을 써서 쉽게 알아볼 수 있도록 만든 지도를 지질도라 한다. 지질도는 쓰임새에 따라 여러 가지로 만

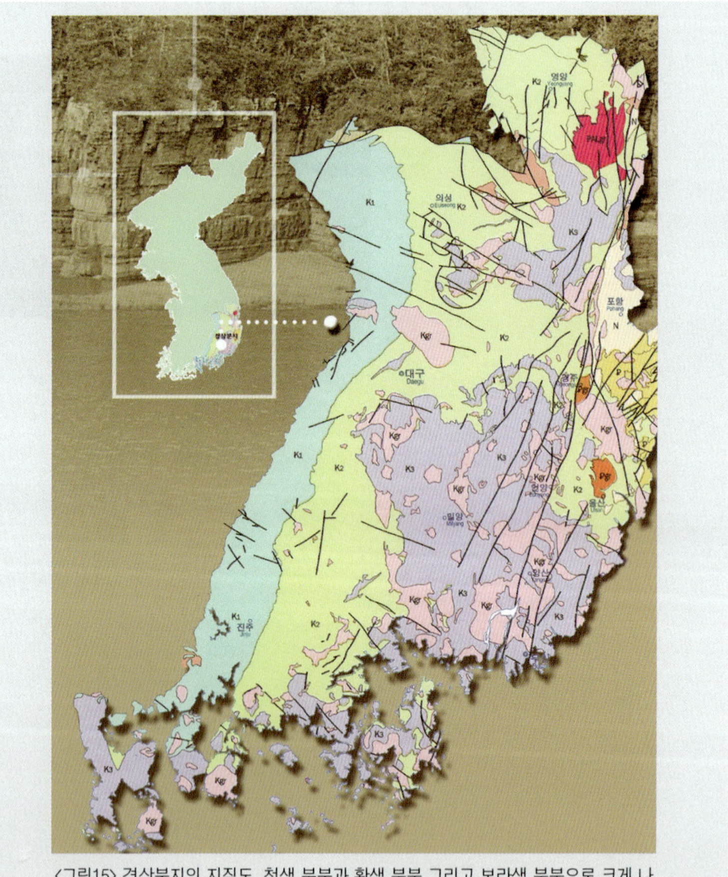

<그림15> 경상분지의 지질도. 청색 부분과 황색 부분 그리고 보라색 부분으로 크게 나뉘는데, 각각 신동층군, 하양층군 및 유천층군이다.

들어낸다. 가장 흔한 것은 축척이 100만 분의 1인 지질도인데, 이러한 지질도들에는 한반도 남동쪽에 경상도의 대부분을 포함하는 경상분지가 나타나 있다.(〈그림15〉 참조)

경상분지는 남북으로 긴 네모꼴을 이루면서 거의 파란 빛깔과 노란 빛깔과 보라 빛깔로 그려져 있다. 파란 빛깔이 가장 왼쪽(서쪽)으로 길게 나타나 있으며 이보다 동쪽에 노란 빛깔이 조금은 들쭉날쭉하게 나타나는 곳들이 있고 경남의 동쪽 절반을 거의 차지하는 보라 빛을 띠는 곳들이 나타나 있다.

이들 세 빛깔의 지질을 자세히 알아보면 파란 빛깔과 노란 빛깔은 퇴적암으로 이루어진 곳이며, 보라빛을 나타내는 곳은 화산 활동으로 만들어진 화산암이거나 화산재 또는 화산성 퇴적암(화산 자갈이 쌓여서 만들어진 암석)으로 이루어진 곳이다.

지구의 표면은 비와 바람으로 끊임없는 풍화와 침식을 받아 시간이 흐를수록 평평하게 만들어지는 한편, 지구 내부에서 끓고 있는 힘으로 솟아오르거나 화산 활동으로 화성암이 뚫고 올라와서 지면을 울퉁불퉁하게 만드는 일도 생긴다. 이처럼 서로 반대되는 작용이 끊임없이 진행되면서 현재의 지형이 만들어진 것이다.

진주층은 경상분지에서 파란 빛깔로 나타난 부분에 포함되어 있다. 파란 빛깔 부분이 바로 신동층군으로 불리는 몇 개의 층들로 구성된 층군(層群 ; 여러 층으로 이루어진 무리)이다. 신동층군은 경상북도 칠곡군 신동면에서 말미암은 것이며 아래로부터 낙동층, 하산동층, 진주층으로 이루어졌다. 그러므로 진주층은 신동층군에서 가장 위에 있는 층인 셈이다. 지질도에서 보면 가장 오른편에 길게 자리 잡고 있다. 신동층군에 속하는 세 층이 쌓인 다음에도 경상분지 지역에는 지반이 가라앉는 현상이 쉬지 않고 이어졌다. 이로 말미암아 서부 경남에는 칠곡층, 함안층, 신라역암층, 그리고 진동층이 두껍게 쌓이면서 가끔은 화산 활동도 이어졌다.

이들 지층을 모두 묶어서 하양층군이라 부르는데, 하양은 대구와 영천 사이에 있는 지명이다. 이름을 지어 붙인 학자의 말로는 영어 표기가 쉬워서 하양층군으로 했다고 한다. 지층의 이름은 일단 정해지면 국제적으로도 두루 쓰이므로 발음이 어렵거나 두 가지 이상으로 발음이 된다면 곤란하기 때문이다.

경상분지는 퇴적 작용만으로 이루어진 것은 아니다. 하양층군에 포함되는 여러 층들이 퇴적되는 동안 또는 퇴적한 다음에도 이곳에서는 화산 활동이 이어졌다. 처음에는 가끔 여기저기서 조그마한 화산 폭발이 있어 용암을 토해내고 화산재를 날려 보냈으나, 시간이 지나면서 차차 커다란 화산 활동이 일어나면서 엄청난 화산체가 만들어지게 되었다. 주로 경남의 동쪽 반을 차지하는 보랏빛 부분이 이런 화산암으로 이루어진 것인데, 이들 암석과 지층을 유천층군이라 부른다. 경북 청도군 청도읍의 작은 마을 이름인 유천에서 말미암아 붙여진 이름이다.

지층의 이름을 어떻게 정하는가 알아보자. 지층이 같은 성질을 가지기 위해서는 지층이 만들어지는 데 일정한 조건이 유지되어야 한다. 이를테면 바다나 호수가 깊이나 물의 성분이 일정하고 흘러드는 물의 분량이나 속도나 운반 물질 따위에 큰 변화가 없으면 물 밑에 쌓이는 퇴적물도 일정하게 같은 성질이나 성분을 유지할 것이다. 그러나 이들 복잡한 환경과 조건이 바뀌면 물 밑에 쌓이는 퇴적물 또한 달리질 수밖에 없다. 이처럼 같은 조건으로 만들어진 일정한 두께의 지층을 묶어서 'ㅇㅇ층'이라 이름을 지어 부르는 것이다. 그리고 그런 지층의 특징이 가장 잘 나타나는 지점의 지명을 앞에 붙여서 진주층이니 진동층이니 하는 이름을 짓는다. 진주층은 진주에서, 진동층은 마산 진동면에서 그 특징이 잘 보인다.

경상분지는 분지인가?

분지란 주변이 높은 산지로 둘러싸여 있는 평평한 지역을 뜻한다. 그러나 〈그림15〉에서 본 바와 같이 경상분지는 그런 지형이 아니다. 그 까닭은 무엇일까?

사실 여기서 분지라고 함은 정확이 말하면 '퇴적 분지'란 의미로서 오래 전에 이곳에 흙이나 모래 같은 퇴적물이 강 또는 호수 바닥에 가라앉아 퇴적암 지층을 만들게 된 곳임을 뜻하는 말이다. 그래서 지금은 분지가 아니지만 지층을 만들던 옛날에는 분지였다는 말이다.

이런 퇴적 분지는 우리나라 여러 곳에 있는데, 마이산으로 잘 알려진 전북의 진안분지와 충북 영동 지방의 영동분지도 퇴적 분지이다. 이들 분지는 경부선 철도나 경부고속도로 주변에서 역암이 잘 드러나 있으므로 일반 화성암과 쉽게 구분되는 퇴적 분지의 좋은 보기인 셈이다. 그곳들도 지층이 이루어지던 옛날에는 호수나 강이 흐르는 분지였음에 틀림없다. 우리나라의 여러 퇴적 분지 가운데 중생대 퇴적 분지로는 경상분지가 가장 넓게 자리 잡고 있다.

경상분지의 퇴적 환경 및 지질 연령

경상분지는 중생대 백악기 초에 지금의 경상남북도 서쪽에 대략 남북으로 길게 퇴적하기 시작하여 차츰 동쪽으로 넓은 지역에 걸쳐 퇴적물을 쌓으면서 만들어진 것이다. 백악기 말에 이들 퇴적 지층을 뚫고 들어온 화강암류와 반심성암류(半深成岩類 ; 적당한 깊이에서 만들어진 화성암류) 때문에 이미 있던 퇴적암들은 열을 받아 변질되고 지각 변동도 일어나게 되었다. 그러나 심한 습곡 작용이나 단층 작용을 가져다주지는 못하였다.

물론 퇴적 지층이 만들어진 과정도 일정하지는 않았다. 이를테면 가장 아래에 있는 낙동층과 바로 그 위의 하산동층은 흐르는 강물에서 퇴적되었으나, 그 위의 진주층은 고여 있는 호수에서 만들어진 것으로 알려져 있다. 칠곡층, 신라역암층, 함안층은 흐르는 강물에서 만들어지고, 진동층은 고여 있는 호수에서 만들어진 것이라는 증거들이 많이 발견되었다. 따라서 긴 세월에 걸쳐 이루어진 경상분지의 퇴적 환경은 일정하지 않았다는 말이다. 그러나 육지 환경을 벗어나 해양 환경이 된 적은 없었다.

지질시대는 중생대 백악기 전기의 전기에서 백악기 후기에 걸쳐 분지가 형성된 것으로 알려져 있다. 지층이 쌓인 지질 시대를 아는 방법은 크게 두 가지다. 화석을 이용하는 방법과 퇴적암 지층을 뚫고 들어온 화성암의 절대 연령을 해석하여 퇴적암 지층의 시대를 아는 방법이다. 경상분지 퇴적 지층의 퇴적 시기가 곧 경상분지의 나이인 것이다. 퇴적 시기는 퇴적물과 함께 퇴적되어 만들어진 화석에 근거하여 해석하게 되는데, 이렇게 지질시대를 알려주는 화석을 우리는 표준화석이라 한다.

그 사이 표준화석들에 따라 경상분지가 이루어진 시대는 대체로 다음과 같았던 것으로 추정해 왔다. 즉, 낙동층은 식물 화석들에 따라 쥐라기 말기에 이루어진 것으로 해석했으며, 같은 낙동층을 조개 화석에 따라 백악기 전기의 후기에 이루어진 것으로 해석하기도 했다. 한편 꽃가루 화석을 연구한 결과로는, 진주층을 백악기 전기의 전기에 이루어진 것으로, 진동층을 백악기 전기의 후기에 이루어진 것으로 해석하였다. 필자는 20여 년 전에 식물 화석인 윤조(輪藻) 화석을 연구하여 낙동층이 백악기 전기의 전기에 이루어진 것으로 해석하였다.

화석을 이용하여 지층이 이루어진 시대를 알아내는 데에는 다음과 같은 원리를 적용한다. 곧, 화석이 되기 전의 생물은 넓은 지역에 널리 흩어져 사는 생물로서 빠른 속도로 진화가 이루어진 종이어야 한다. 고사리나 은행나무 같이 진화하지 않고 오랫동안 살아온 종이면 묻혀서 화석이 된 지층의 나이를 알 수 없기 때문이다. 그리고 넓은 지역에서 살았던 종이어야만 어느 한 지역의 나이를 알게 되면서 나머지 다른 지역들의 나이도 거기 비추어 알게 되는 것이다.

윤조 화석 가운데 주천 윤조(*Clypeator jiuquanensis*)가 중국의 주천분지와 한국의 경상분지(낙동층)에서 발견된 적이 있는데, 주천분지는 다른 방법으로 시대가 이미 알려진 곳이므로 그것에 비추어 낙동층의 시대도 알게 된 것이다. 이 주천 윤조는 당시 지구 여러 지역에 넓게 살았던 것으로서, 주천분지의 정확한 나이는 퇴적 지층을 뚫고 들어온 화성암과 이를 덮은 화성암의 나이를 해석하여 알 수 있었던 바이다.

이 윤조 화석은 크기가 0.6~0.9밀리미터로 아주 작다. 윤조의 생식 기관인 장란기(藏卵器 ; 난세포를 만들고 간직하는 기관)가 석회로 변하여 보존이 가능하게 되었다. 이 주천 윤조는 1965년에 중국 북부의 감숙성 주천분지에서 맨 처음 발견하여 이름을 붙이게 되었다. 한

〈그림16〉 윤조 화석의 일종인 주천 윤조(*Clypeator jiuquanensis*). 길이가 1밀리미터도 안 되는 작은 크기이다.

국에서는 경북 선산군 장천면 금산동에서 처음 발견되었으며 그 다음 경남 산청군 신안면 하정리 국도변에서도 발견되었다. 한국에서 나타난 두 곳 모두 낙동층이 자리 잡은 지역이다.

4. 한국의 지질과 경상분지

지구의 나이를 대략 46억 년으로 보는데, 처음 태어나던 때의 지구는 쏟아지는 운석들과 부딪치면서 일어나는 열기로 지표가 뜨거운 상태였다. 또 크고 작은 운석에서 공급된 수증기나 이산화탄소가 원시 대기를 형성하였고, 이들로 말미암아 온실 효과가 생겨 열기가 바깥으로 흩어지지 못하여 지표의 온도는 계속 올랐을 것이다. 지표의 물질은 녹아 마그마의 바다를 이루고 이 마그마의 바다는 원시 대기의 변화에 따라 수증기를 흡수하거나 방출하게 되면서 드디어 지표의 온도가 내려가고 지구는 냉각하기 시작하였다. 마그마는 굳어지고,

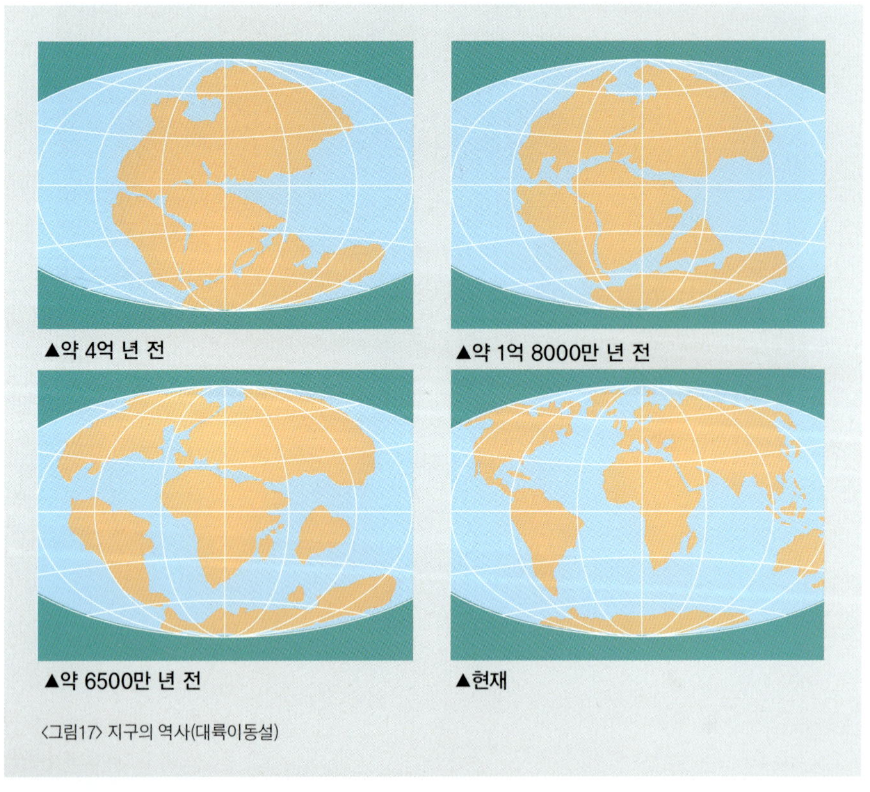

〈그림17〉 지구의 역사(대륙이동설)

대기는 식어 마침내 큰 비가 내려 원시 지구에 바다가 형성되었다. 지구는 지하에 마그마, 그 위에 얇은 원시 지각, 바다, 그 위에 이산화탄소의 대기를 지니는 층상 구조를 가지게 되었다. 그리고 하나의 행성으로서 오늘날과 같이 진화하였다.

이러한 지구의 층상 구조로 말미암아 지구 내부에는 대류가 일어나고 지표의 땅덩이는 성장하게 되었다. 지구의 진화는 내적으로 열대류 운동과 외적으로 운석 충돌이 서로 결합하여 이루어진 것으로 해석한다. 대륙은 끊임없이 만들어지고 소멸하였으며 대기 가운데 이산화탄소가 감소하고, 이후에 생명체가 탄생하면서 광합성에 의한 산소가 생겨났다. 그리고 지구 위에 생겨난 생물의 진화는 지구 자체의 진화와 같은 길을 걸어왔다. 〈그림17〉은 지구상에 생명체가 본격적으로 나타나기 시작한 때부터 지금까지 대륙의 이동을 나타낸 것이다.

유라시아대륙의 맨 동쪽 끝에 붙어 있는 우리나라는 구성 암석을 바탕으로 지구 역사를 엿볼 수 있다. 경기도 일원에는 30억 년에 이르는 매우 오랜 연대의 암석들이 분포하고 있다. 일본이 수억 년에 지나지 않는 지구의 역사를 보여 주는 것이나 큰 대륙의 중심부에서 주변으로 가면서 차차 연대가 젊어지는 다른 대륙의 예를 보면, 유라시아대륙의 가장자리에 자리 잡은 한반도에서 이런 오랜 암석이 나타나는 것은 매우 특이한 일이다.

우리나라에서 가장 오래된 선캄브리아대의 지질은 편암과 편마암 같은 변성 퇴적암류이다. 그 다음으로 오래된 암석은 이들 변성 퇴적

지 질 시 대			각 시대가 시작하는 해
신생대	제4기	홀로세	1만 년 전
		플라이스토세	180만 년 전
	제3기	플라이오세	530만 년 전
		마이오세	2380만 년 전
		올리고세	3370만 년 전
		에오세	5480만 년 전
		팔레오세	6500만 년 전
중생대		백악기	1억 4400만 년 전
		쥐라기	2억 600만 년 전
		트라이아스기	2억 4800만 년 전
고생대		페름기	2억 9000만 년 전
		석탄기	3억 5400만 년 전
		데본기	4억 1700만 년 전
		실루리아기	4억 4300만 년 전
		오르도비스기	4억 9000만 년 전
		캄브리아기	5억 4300만 년 전
선캄브리아대		원생대	16억 년 전
		시생대	38억 년 전

〈표1〉 지질시대 구분

암류를 뚫고 들어와서 형성된 화강편마암류인데 이들을 모두 합치면 한반도 전체 면적의 약 30퍼센트를 차지한다.

고생대의 지질인 고생대층은 평남, 황해, 강원도 및 전남 지역에 널리 퍼져 있다. 이들 고생대층도 부정합(不整合 ; 아래층과 위층이 오랜 시간 간격을 두고 쌓였을 때, 두 지층의 관계)으로 말미암아 아래에는 주로 석회암류로 이루어진 조선누층군과 그 위에는 역암, 사암, 석회암 및 세일 따위로 이루어진 평안누층군으로 나누어진다. 아래에 놓인 조선누층군에서는 삼엽충을 비롯하여 완족동물과 필석 따위의 화석이 발견되며, 위에 쌓인 평안누층군에서는 석탄층이 넓게 나타난다. 문경탄전과 삼척탄전에서 많이 생산된 석탄이 바로 그것이다.

우리나라 중생대층은 모두 육성층(陸成層 ; 땅에서 이루어진 지층)이다. 부정합으로 말미암아 아래에는 대동누층군이 쌓이고 그 위에는 경상누층군이 쌓였다. 대동누층군에서는 담수조개류의 화석을 비롯하여 절지동물의 화석과 식물 화석이 많이 나오며 석탄층이 얇게 들어 있다. 경상누층군은 주로 영남 지역에 넓게 자리 잡고 있지만, 충북 영동을 비롯한 한반도 전역에 소규모로 흩어져 있다. 거기서는 여러 가지 화석들이 나오는데 공룡을 비롯하여 갖가지 담수 조개류의 화석과 식물 화석이 알려져 있다.

광복 뒤에 화석과 지질 구조 등을 연구한 결과 경상누층군과 대동누층군 사이에 양쪽 어느 곳에도 소속되기 어려운 묘곡층이 발견되기도 하였다.

한반도의 신생대층은 황해도 봉산, 평안남도 안주, 함경북도 회령과 동해안의 나남, 길주, 명천, 신흥, 통천, 강원도 동해, 경상북도 영해, 연일, 장기, 그리고 제주도 서귀포 등지에 소규모로 자리 잡고 있다. 대부분이 해안을 따라 소규모로 나타나는 것으로 보아, 한반도의 윤곽이 신생대에 이르러 드러났음을 말해 준다. 남한에서는 신생대 제3기 초의 지층은 아직 발견되지 않았으며, 주로 마이오세의 지층들로 이루어져 있다.

신생대 지층의 특징은 덜 굳어진 사암, 이암, 역암 따위로 이루어져 있는 점이며, 해성층(海成層 ; 바다에서 이루어진 지층)과 육성층이 교대로 쌓여 나타난다. 해성층에서는 조개를 비롯하여 온갖 해양 생물의 화석들이 발견되며, 어류나 고래의 척추 화석들이 나오기도 한다. 육성층으로부터는 갖가지 식물 화석이 나온다.

한반도의 지각 변동과 퇴적 분지의 형성 과정에서 만들어진 암석들을 시대별로 보았는데, 이들은 각각 독특한 지질 구조를 보여 준다. 경기도 일원이나 강원도 삼척탄전 및 충청남도 탄전 지대의 고생대나 중생대 전기의 암석들은 모두 심한 습곡이나 단층을 보여 주는가 하면, 중생대 후기의 경상누층군은 매우 완만한 경사의 지층들로 이루어져 있다. 그리고 여러 시대의 지층들 사이에는 부정합이 발달되어 있거나 화산암들이 끼어 있다. 이러한 사실들은 서로 다른 시대에 땅이 만들어지는 조륙운동(造陸運動 ; 큰 규모의 융기나 침강 작용)이 일어나기도 하고, 산이 만들어지는 조산운동(造山運動 ; 습곡 산맥을 만드는 대규모 지각 변동)이 일어나기도 했다는 증거이다.

고생대층이 퇴적되는 사이에 실루리아기 중기부터 석탄기 후기 사이에는 오랜 시간에 걸쳐 땅을 만드는 작용이 있었으며, 고생대층이 쌓인 다음에서 중생대층이 쌓이기 이전 사이에는 '송림변동' 이라고 하는 조산운동이 일어났다. 그리고 대동누층군이 쌓인 다음 묘곡층이 쌓이기 이전과 묘곡층이 쌓이고 경상누층군이 쌓이기 이전에 한반도에서 가장 심한 조산운동이 일어났다. 바로 '대보조산운동'이 그것이다. 경상누층군이 쌓이는 동안이나 그 뒤로는 심한 조산운동이 일어난 증거는 보이지 않으나, 심한 화산 활동이 있었음은 끼어 있는 화산암이나 화산암 파편으로 알 수 있다. 신생대에 들어와서 백두산과 한라산을 비롯하여 한반도 곳곳에 화산암이 나타나며, 개마고원을 비롯한 현무암 대지는 당시의 화산 활동이 심했음을 보여 준다.

한반도는 〈그림18〉에서 볼 수 있듯이 북한의 낭림육괴(陸塊 ; 단단하고 큰 암석들의 덩어리)와 남한의 경기육괴 및 영남육괴 분포지를 제외한 여러 지역에 퇴적 분지가 만들어졌다. 이런 퇴적 분지가 만들어지는 까닭은 암석권의 구조운동(構造運動) 때문인데, 이들 구조운동이 시간과 장소에 따라 여러 가지로 나타났으므로 분지 퇴적물의 시대나 종류가 저마다 다른 것이다.

퇴적 분지가 이루어지는 것은 퇴적암층이 만들어지도록 하는 선결 과제이다. 퇴적 분지가 만들어져야 강물이 흘러들고 호수가 생겨 그 위에 퇴적물이 흘러들고 쌓일 수가 있다. 이러한 퇴적 분지가 만들어지는 것은 지구 표면층인 바위판(암권)이 갈라지거나 가라앉거나 떠오르는 구조운동 때문이다. 지구는 역동적으로 움직이는 성질을 가지고 있어서 비록 변화의 속도는 느리나 계속적인 운동을 해 왔던 것이다.

우리나라의 퇴적 분지를 나눈 학자의 의견에 따르면, 남한에 경상 분지와 옥천지향사, 북한에 평남분지, 마천령분지, 두만분지 같은 규모가 큰 분지와 다른 많은 작은 분지가 있었던 것으로 보인다. 평남분지는 원생대 후기에서 고생대 전기와 후기 사이에 만들어졌고, 마천

〈그림18〉 한반도의 퇴적 분지

령분지는 원생대 전기에, 두만분지는 고생대 후기에 만들어졌으며, 경상분지는 백악기에, 그리고 옥천지향사는 고생대에 만들어졌다.

경상분지는 이런 여러 개의 분지 가운데 중생대 백악기에 이루어

54

진 것으로서 경상도는 물론 일본 대마도까지 이르는 퇴적 분지이다. 충북 영동 지방에 자리 잡은 영동분지 또한 고수류(古水流 ; 옛날에 물이 흘렀던 방향) 같은 여러 증거에 따르면 경상분지의 일부로 해석할 수밖에 없다.

5. 진주에서 나온 화석

옛날에 살았던 많은 생물(고생물)들은 이미 오래 전에 죽고 없
어져 버렸기 때문에 이들의 대부분은 자취도 없이 사라져 버렸다. 그러
나 적지 않은 종류의 유해 일부 또는 전부가 지층 속에 보존되거나 또
는 그들의 활동 흔적이 지층 속에 기록되어 그 존재와 삶을 알려 준다.

지층 속에 보존되고 기록된 고생물의 유해나 흔적을 화석(fossil)이
라 한다. 유해가 화석으로 보존된 것을 체화석(體化石)이라 하며, 흔
적이 화석으로 기록된 것을 흔적 화석이라 한다. 화석은 단순히 고생
물의 생존 기록을 알려줄 뿐 아니라, 화석을 통하여 퇴적 지층의 시대
결정과 멀리 떨어진 곳과의 비교, 퇴적 환경의 복원, 생물의 계통 발
생과 진화의 경로, 더 나아가 지구의 변천 과정, 곧 지구의 역사를 규
명해 주는 중요한 과학적 자료로 이용되고 있다.

진주시 중심부는 지질이 진주층으로 되어 있다. 앞서 살펴본 대로
촉석루 부근의 회색 내지 검은 빛깔의 사암과 세일이 전형적인 진주
층의 특징을 잘 보여 준다. 뒤벼리나, 새벼리 그리고 망진산도 같은
진주층에 속하는 퇴적암층의 단면을 잘 보여 준다. 이들 암석 속에 화
석이 숨어 있는 것이다.

경상대학교 가좌동 캠퍼스 안에는 퇴적암이 많이 보인다. 이들 퇴적
암의 회색 세일 파편이나 성층면을 자세히 살펴보면 같은 검은빛이면
서 빛의 반사 정도가 다른 여러 물체가 붙어 있는 것을 볼 수 있는데, 이
것들이 대개 화석이다. 식물의 파편이 화석으로 남아 있는 것이다.

한편, 진주시 중심부를 벗어나서 동쪽 문산읍이나 진성면에 가 보
면, 암석의 빛깔이 진주에서 본 것과는 전혀 다르다는 것을 알 수 있

다. 우선 빛깔에 붉은빛이 돈다. 진주층 위에 있는 칠곡층이나 함안층이 이곳에서 나타나기 때문이다. 다른 한편, 진주의 서쪽으로 가 보면 진양호 또는 명석면이나 대평면에서 역시 붉은색의 암석이 나타나는데, 이 지층은 진주층의 아래에 있는 하산동층이다. 남북으로는 대략 진주층의 주향(走向 ; 지층면과 가상 수면이 만나는 방향)이므로 진주시 집현면을 지나 합천군 삼가면에 이르기까지 진추층은 계속 이어지면서 되풀이하여 나타난다.

진주층에서는 식물 화석과 잠자리 같은 곤충 화석이 많이 나오며, 엽지개(葉肢介)·개형충(介形蟲) 화석도 비교적 많이 나온다. 집현면에서는 조개 화석도 발견되었다. 함안층이 자리 잡은 진성면에서는 공룡 발자국 화석과 새 발자국 화석이 많이 나왔으며, 하산동층이 자리 잡은 나동면 유수리에서는 조개 화석 따위가 나타났다.

진주의 천연기념물

진주시에는 화석이 나와서 천연기념물로 지정된 데가 두 곳 있다. 한 곳은 천연기념물 제390호인 진주시 나동면 유수리 495번지 일대의 '진주 유수리의 백악기 고환경과 공룡화석 산지' 이며, 다른 한 곳은 천연기념물 제395호인 진주시 진성면 가진리 9번지의 '진주 가진리의 새 발자국 및 공룡 발자국 화석지' 이다.

나동면 화석 산지는 진주에서 하동으로 가는 길에서 나동 공동묘

지로 갈라져 들어가는 길 부근에 유수철교가 있고, 그 철교 아래로부터 가화천 상류 방향으로 200미터 정도의 하천 바닥이 천연기념물로 지정된 구역이다. 이 하천은 진양호가 만들어지면서 장마철에 불어난 큰물의 일부를 사천만 쪽 바다로 보내기 위해 일부러 만든 하천이다. 따라서 바닥에 모래가 쌓여 있거나 풍화된 암반으로 되어 있는 일반 하천과 달리 이곳은 아직 신선한 사암 또는 사질 셰일이 하천 바닥에 넓게 펼쳐져 있다.

이곳에 관한 연구 결과는 백인성 교수의 연구진이 《고생물학회지》 14권 1호(1998)에 실은 논문 〈경남 진주시 부근의 백악기 하산동층에 발달한 공룡 화석층〉에 정리되어 있다. 이 논문의 결론을 요약하면 다음과 같다.

이곳 하산동층에 발달한 범람원 퇴적층에서 2매의 공룡 화석층이 새로 확인되었으며, 이 화석을 포함하는 지층은 모두 석회질 옛 토양층이다. 이 화석층들로부터 공룡의 어깨뼈와 팔다리뼈를 비롯한 200여 점의 뼈 화석이 발견되었는데, 주변에서 발견되는 석회질 덩이와 겉보기가 거의 비슷하다.

퇴적 지층의 특성으로부터 해석되는 공룡이 살았던 당시의 옛 환경은 사행 하천이 흐르고 호소(湖沼 ; 호수나 늪지) 등이 발달한 충적 평야가 펼쳐 있었으며, 기후는 건기와 우기가 있었으나 비교적 건조한 환경이었다. 이런 환경의 하천 주변 범람원에서 살던 공룡들이 죽은 다음, 먼저 사체가 대기 중에 오랫동안 노출된 채 마르고 풍화되고 침식된 뼈들이 드러나게 되었다. 노출된 뼈 역시 계속된 풍화에 표면 부분이 갈라지고 닳아서 뼈의 부분적인 해체화가 이루어졌다. 이후, 우기에 일시적이지만 많은 비가 내려 하천이 범람하거나 자연 제방 일부가 터짐으로 말미암아 범람원으로 하천이 넘쳐흘렀다. 이때 하천 부근에 놓여 있던 공룡 뼈들이 흐르는 물에 해체가 되면서 범람원의 낮은 지역으로 운반되었다. 이 과정에서 비교적 크기가 큰 뼈들은 무게 때문에 거의 원래의 장소에 가라앉거나 멀리 운반되지 못하고 하천으로부터 비교적 가까운 범람원 위에 흙·모래들과 함께 퇴적되었으며, 크기가 작아 가벼운 뼈들은 하천으로부터 먼 범람원 위에 퇴적되었다. 퇴적된 뼈들은 그 뒤 퇴적물이 석회질 토양으로 바뀌면서 뼈도 석회로 변하여 화석으로서의 보존이 가능하게 되었다.

비록 흩어진 상태의 화석 조각들이지만, 위와 같이 다량의 화석 조각들이 하산동층의 범람원 퇴적층에 집중적으로 나오고 있는 것은 우리나라의 중생대 지층에서도 공룡 화석의 본격적인 발굴이 가능함을 알려 준다.

문화재청에서 발간한 《자연문화재지도》(1999)에서도 이런 가치를 확인, 그대로 받아들여 다음과 같이 설명했다.

천연기념물 제390호인 '진주 유수리의 백악기 고환경과 공룡 화석 산지'는 하산동층 분포지로서 2개 층의 공룡 화석 포함층이 나타났는데, 발굴조사 결과 용각류의 지골(팔, 다리 뼈) 및 발가락 뼈, 좌골 화석과 종류를 알 수 없는 화석 2점, 장골(손바닥 뼈)편을 포함하는 100여 점의 뼈 화석이 발견되었다. 이는 우리나라 중생대 지층에서도 공룡을 발견할 수 있는 가능성을 보여준 것으로 매우 큰 의미가 있다. 또한 이곳을 통해 화석 공룡층의 상세한 특징과 화석화 환경을 구체적으로 밝힐 수 있는 계기를 만들었다고도 볼 수 있다. 더군다나 이곳에서는 옛 토양층이나 나무 그루터기 화석, 화석 숲, 생물 흔적 화석 같은 여러 가지가 함께 발굴되어 중생대 백악기 초에 한반도의 자연 환경을 간접적으로 읽을 수 있는 과학적 자료가 된다.

　　따라서 이곳에 대한 학자들의 관심은 매우 크다. 2006년 2월에 열린 한국고생물학회 학술발표회에서 양승영 경북대 명예교수는 이곳의 이름을 '진주 유수리의 백악기 다양한 화석 산지'로 바꿀 것을 주장하였다. 왜냐하면 화석이나 퇴적 구조는 어느 것이나 옛 환경 해석에 자료로 이용되는 것이지, 이곳의 화석과 퇴적 구조만이 옛 환경 해석이 자료로 이용되는 바는 아니기 때문이라는 것이다. 이곳에서는 공룡 골격 화석보다는 신종 이매패류(二枚貝類 ; 조개류) 화석을 비롯하여 어류·거북 같은 여러 가지 화석이 알려진 곳이기 때문이라고 하였다. 또 그는 이곳은 국내 중생대 화석 산지 가운데 가장 넓고 보존 상태가 좋은 곳으로 이매패류 화석을 비롯하여 공룡 이빨, 발톱, 배설물 화석, 골격, 기타 어류의 비늘, 거북의 등껍질이 발견된 곳임을 강조했다. 아울러 양 교수는 '이곳이 도로변에 있는 관계로 일반

<그림19> 천연기념물 제390호인 '진주 유수리의 백악기 고환경과 공룡 화석 산지'. 이곳에서는 여러 종류의 화석이 발견되고 있으나 도로 옆이어서 보존에 많은 어려움이 따른다.

인의 출입이 쉬워 훼손 가능성이 높은 점 및 홍수 때 진양호에서 방류한 물이 지나가므로 하천수의 침식 문제를 우려' 하여 전문학자로 하여금 화석을 주기적으로 채취, 인근 국립기관에 보관하는 행정적 필요성을 주장한 바 있다. 그러나 일단 천연기념물로 지정된 지금 시점에서는 보존 쪽으로 노력을 기울여야 하며 화석 채취는 가능한 일이 아닐 터이다.

이곳과 관련하여 벌어진 웃지 못할 일도 있었다.

이곳은 도로변에 있다 보니 아마추어 화석 애호가들이 자주 찾는 바이다. 2001년, 필자와 잘 아는 분이 이곳에서 나무 그루터기 화석을 보고 이를 어느 학자에게 제보하게 되었다. 그 학자는 귀한 자료가 보호 받지 않고 있다는 안타까운 생각에 언론에 제보, 신문과 TV에 관련 보도가 나갔다. 보도 내용은 '서 있는 나무 화석 남한서 첫 발견'이라는 제목으로 '강바닥에서 48개의 서 있는 나무 화석이 발견되었다. (중략) 넘어진 나무 화석은 흔하지만 서 있는 나무 화석은 희귀한 편이라 이 지역을 잘 보존하고 발굴과 연구 활동을 펴야 한다' 는 것이었다.

이런 내용이 《ㄷ일보》에 보도된 사실을 필자는 늦게 알았다. 당시에 필자는 멀리 떠나가 있어서 이곳이 이미 천연기념물로 지정되었음을 증언할 기회가 없었다. 언론에 보도한 학자의 체면도 살려야겠고, 이 기회에 보호에 직접적인 책임이 있는 진주시청에도 경종을 울리는 한편, 확인하지도 않고 보도한 언론도 책임을 져야 하므로, 우선 학자에게 사실을 알리고 기사를 작성한 기자와도 통화를 하였다. 진주시

<그림20> 천연기념물 제390호의 안내판. 2001년의 '최초 발견 해프닝'도 사람들이 이 표지판을 제대로 못 찾아서 일어난 일이었다.

청 문화재 담당자하고도 물론 수습책을 의논하였다. 결국 다음 날 그 신문은 정정 기사를 내게 되었다.

'서 있는 나무화석' 첫 발견 아니다 ― 97년 천연기념물 지정

'남한 최초의 발견'이라고 발표해 관심을 모았던 경남 진주시의 '서 있는 나무 그루터기 화석'(본보 4일자 A30면 보도)은 이미 천연기념물로 지정된 구역에 들어 있으며 그루터기 화석도 이미 학계에 보고된 것으로 나타났다……

지금까지 여기서 발견된 화석들로는 공룡 뼈 화석, 공룡 발톱 화석, 공룡 이빨 화석, 공룡 배설물 화석, 공룡 알 껍질 화석, 악어 이빨 화석, 조개 화석, 다슬기 화석, 탄화된 나무 그루터기와 가지 화석, 자라의 등껍질 화석 같은 것들이다.

이들 화석 가운데 유삼각조개 속(屬)의 신종(*Trigonioides jaehoi*)
이 발견되기도 하였다.
*Trigonioides jaehoi*라는 학
명은 이 화석 산지를 1970년
에 처음으로 발견한 오재호
박사의 업적을 기리기 위해
양승영 교수가 1983년에 신
종으로 기재하고 보고하면서
붙여진 것이다.

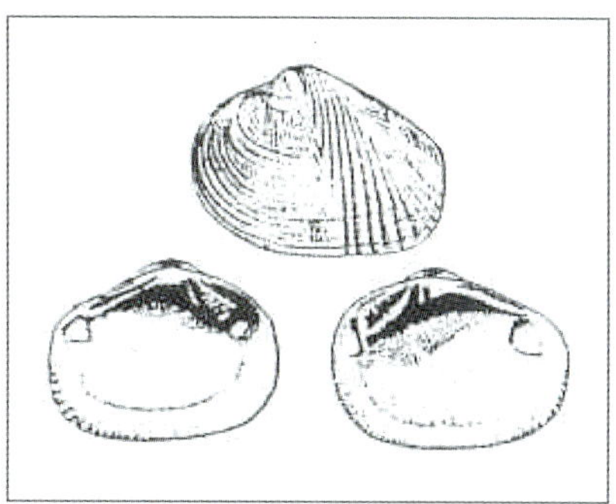

<그림21> 유삼각조개 신종을 소개한 논문의 조개 그림

공룡 뼈 화석에 관하여

우리나라에서 공룡 뼈의 화석이 나온 것은 흔한 일이 아니다. 필자
는 1980년대 초에 경북 의성군 탑리에서 나온 공룡 팔 뼈에 관해 연구
한 일이 있었지만, 20년이 지난 지금까지 뚜렷한 모습을 지닌 공룡 뼈
화석을 찾아볼 수 없어서 늘 안타까운 마음이었다. 그런데 진주시 나
동면 유수리의 천연기념물에서 공룡 뼈 화석이 나왔다는 사실에 남다
른 관심을 가지지 않을 수 없었다. 공룡 뼈 화석은 그만큼 커다란 학
술적 의미를 지니기 때문이다.

먼저, 과거 이곳에서 공룡 이빨 화석이 나왔으며 또 가까운 곳에서
공룡 발자국 화석이 많이 나왔기 때문에 어디선가 반드시 뼈 화석이
나올 것이라고 기대하고 있었다. 그런 기대를 저버리지 않고 사실로

서 드러나 학문의 진실성을 굳혀 주었다는 점이 중요하다.

그리고 이곳이 화석에 의하지 않고서도 암석의 색깔이나 사층리, 석회질 노듈(nodule=단괴, 결핵) 등이 나오므로 퇴적 당시의 환경을 이해하는 데 중요한 자료를 제공한다.

그러나 아쉬운 점도 없지 않다. 우선 외국의 공룡 뼈 화석처럼 보존 상태가 좋은 뚜렷한 뼈 화석이 아니라는 점이다. 발굴 당시의 화석 사진을 보면, 전문가의 눈으로 살펴보지 않으면 그것이 공룡 뼈라는 사실을 쉽게 알아볼 수 없을 지경이다. 화석으로 굳혀지기 전에 이미 공룡의 뼈가 거친 자연에 많이 시달린 것이다.

한편《자연문화재지도》는 천연기념물 제395호 '진주 가진리의 새

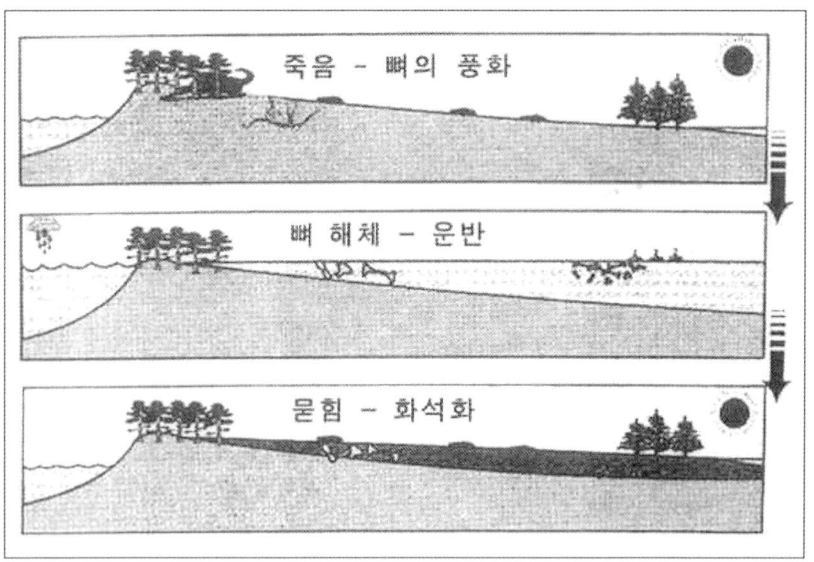

<그림22> 현장을 보고 해석한 화석이 되는 과정.

발자국 및 공룡 발자국 화석지' 에 대해 다음과 같이 소개해 놓았다.

　　이곳은 남해고속도로 진성 나들목에서 약 2km 떨어진 경남과학교육원 부지에 위치한다. 경남과학교육원 신축공사 도중에 발견된 이곳 화석지는 백악기 하양층군 함안층에 속하는 지층으로 발굴된 면적(610㎡)에서만 약 2,500여 개의 새 발자국과 약 80여 개의 공룡 발자국, 약 10개의 대형 익룡 발자국 화석 등이 발견되어 약 1억 년 전에 형성된 철새 도래지로서 단일 장소에서 조류뿐 아니라 공룡과 대형 익룡이 함께 서식했던 흔적이 발견된 것은 세계적으로 매우 귀하여 천연기념물로 지정하였다.

　　이곳은 1997년 봄에 경남과학고등학교 지구과학 교사로 근무하던 백광석 선생이 공사장에서 나오는 붉은 사암 덩이에 새 발자국 화석이 찍힌 것을 발견하고, 관계기관에 신고하여 세상에 알려지게 되었다. 그런 다음 백 선생과 필자를 포함한 발굴 팀이 구성되어 그 해 11월에서 다음 해 1월까지 약 두 달 동안 현장을 조사하고 발굴하였다. 그리고 바로 이 조사 발굴의 성과를 바탕으로 다음 해인 1998년 12월에 천연기념물로 지정하기에 이르렀다. 당시 발굴 보고서는 학술적 가치를 다음과 같이 기록했다.

　　약 1억 년 전의 세계 최대급 철새(나그네새) 도래지가 발굴 확인되었으며 세계적으로 조류족인(鳥類足印 ; 새 발자국) 산출지가 10여 개소에 불과하고 공룡 및 익룡의 족인과 함께 이번 발굴 성과는 자연사 과학의 역사적인 쾌거라 평가한다. 이곳에 서식한 철새(이동새)는 물갈퀴새(오리, 고니, 갈매기, 물닭, 쇠물닭의 선조), 담수성 도요물떼새(Shore birds, 비둘기 크기와 고니 크기 중간) 등 하천 평야 습지의 범람원이나 호안새들로서 무리를 지은 것으로 보아, 비번식기에 몰려들었던 것으로(번식기에는 무리 짓지 않음) 화석 철새 도래지를 이루고 있고, 이곳에서 확인된 공룡은 팔룡(*Brachiosaurus*), 골방룡(*Camarasaurus*), 고성룡(*Goseongosaurus* : 이구아나룡의 일종), 아르켄씨룡(*Arkanosaurus*) 내지는 큰룡(*Megasaurus*) 등이고 족인 폭이 최대로 넓은 대형 익룡 족인도 확인되었다.

자세한 현장 조사와 연구 결과, 연흔(漣痕 ; 물결 자국), 건열(乾裂 ; 말라 갈라진 자국), 사층리, 빗방울 자국 같은 많은 퇴적 구조를 확인할 수 있었다. 작은 물떼새는 한국새(*Koreanaornis hamanensis*)에 속하는 것들이고, 큰 물떼새는 진동새(*Jindongornipes kimi*)이며 물갈퀴새는 전남 해남의 우항리에서 발견 보고된 종(*Uhangrichnus chuni*)으로 밝혀졌다. 무척추동물이 기어간 자국과 새들이 먹이를 쫀 흔적(dabble mark), 새의 발톱으로 땅을 긁은 흔적(drag mark) 따위가 같은 성층면에서 나왔다. 우리나라에서 발견되는 새발자국 화석을 보면 새의 무게 때문에 발자국 부분이 움푹 들어간 경우도 있으나, 이곳에서 발견되는 수천 개의 발자국은 거의 대부분이 색깔이 다르게 나타나므로 발자국을 이해하기가 쉽다.

이런 모습은 대개 흙탕물 속에 있던 점토 같은 것이 당시 강바닥에 가라앉아 얇은 진흙층을 이루고 있는 지면을 새들이 밟고 다니면서 이루어진 것으로 보인다. 진흙이 발가락에 붙어 떨어지므로 모래가 드러나게 되어 흰색으로 남고, 나머지 부분은 붉거나 검게 남아 새 발자국이 뚜렷이 나타나게 된 것으로 미루어 볼 수 있다.

발굴 때 만든 보고서에 공룡의 이름이 우리말로 붙여진 것은 발굴단장과 필자를 포함한 국내 학자 여러 사람이 학술적으로나 교육적으로 공룡 이름을 우리말로 쓸 필요성을 느껴 '공룡의 우리말 이름 제정'을 당국에 건의한 결과에 따른 것이다.

〈그림23〉 물떼새의 발자국 화석. 진주시 진성면 소재 경남과학고등학교 자연사관 건물 안에 있다. 화석의 밀도가 대단히 높다.

앞에서 진주의 천연기념물에 관해 알아보았듯이, 여러 종

〈그림24〉 발굴 현장. 암석이나 풍화된 흙이 모두 붉은색이다.

류의 화석이 나옴으로써 천연기념물로 지정될 수 있었다. 그러나 진주에는 그밖에도 다른 많은 종류의 화석이 곳곳에 흩어져 있다.

진주의 퇴적 지층은 앞서 설명한 대로 진주층을 비롯하여 하산동층, 칠곡층, 함안층, 진동층 등이다. 현재까지 조사한 결과로 진주층에서는 각종 동식물의 체화석이 많이 나오며, 하산동층에서는 체화석과 흔적 화석이 함께 섞여 나오는가 하면, 칠곡층과 함안층 및 진동층

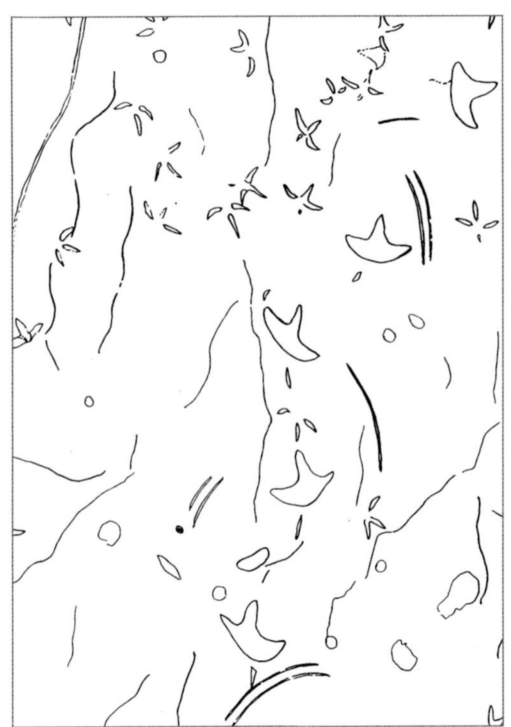

<그림25> 발굴 현장 스케치. 한국새(*Koreanornis*) 발자국과 물갈퀴새의 발자국 및 발가락으로 긁거나 부리로 쫀 자국들이 보인다.

에서는 주로 흔적 화석이 나온다.

진주에서 나오는 식물 화석으로는 양치류와 유사 양치류가 있다. 클라도필레비스(*Cladophlebis*) 속에 속하는 많은 종들이 알려져 있다. 속새류로 에퀴세티테스(*Equisetites*) 속, 은행류로 깅코(*Ginkgo*) 속이, 그리고 송백류로는 사이파리시디움(*Cyparissidium*) 속과 피티오필룸(*Pityophyllum*) 속이 알려져 있다.

꽃가루 화석 연구도 몇몇 국내학자들의 힘으로 이루어졌으며, 연구의 결과로 알려진 자료로는 엄상호(1978) 등이 트리콜포로폴레니테스(*Tricolporopollenites*) 외 다섯 속을 보고하고, 폰테인(Fontaine, 1980)이 시카트리코스포리테스(*Cicatricosisporites*) 외 아홉 속을 보고하였다.

이 화석들 가운데 양치류나 은행류 같은 화석은 생존 기간이 아주 길어 지질시대를 알려 주지 못하지만 꽃가루 화석 같은 것은 백악기 전기에서 후기 말까지의 시대를 지시해 주고 있어서 지금까지 알려진

70

진주층의 시대와 일치한다.

진주에서 나오는 동물 화석은 개형충 같은 미화석(微化石 ; 작은 화석)으로부터 공룡 화석까지 다양하게 나온다. 퇴적 환경이 호수였던 호성층(湖成層 ; 호수로 이루어진 지층)인 진주층에서는 주로 체화석이 나오며, 진주층 바로 아래 퇴적 환경이 하

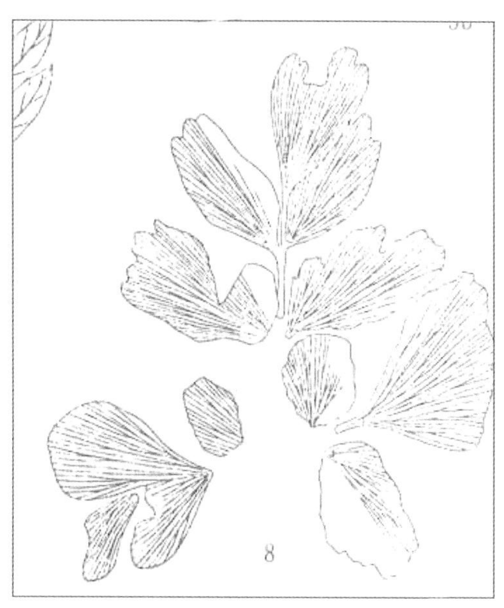

<그림26> 은행잎 화석(Ginkgo)

천이었던 하성층(河成層 ; 강물로 이루어진 지층)인 하산동층에서도 진주층 못지않게 여러 가지 화석이 나오고 있다. 그 현황을 살펴보면 다음과 같다.

개형충(介形蟲) 화석: 개형충은 갑각류의 한 종류로 오스트라코드(Ostracoda)라고 부르기도 한다. 우리나라는 한자 문화권이므로 중국 학자들이 만든 용어인 개형충을 그대로 써도 큰 문제가 없다고 보아서 이 용어를 국내 학자들도 따라 쓰고 있다. 지금도 살아 있는 개형충은 크기가 0.15~2밀리미터 정도이기 때문에 현미경으로만

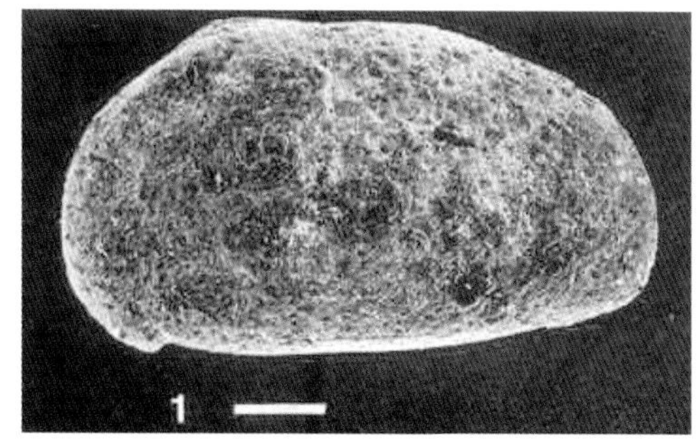

<그림27> 진주에서 발견된 개형충 화석. 축척자는 100마이크로미터.

<그림28> 진주에서 많이 나오는 엽지개 화석.

연구를 할 수 있는 갑각류이다. 화석으로 알려진 개형충은 캄브리아기 때 바닷물로부터 시작하여 석탄기 이후에는 민물로 나올 정도로 생활 범위를 넓혀 왔다. 두 개의 껍질이 석회질이기 때문에 화석으로 보존이 잘 된다. 화석으로 발견될 때의 모양은 거의 콩팥 모양이며 껍질의 표면에 나타나는 장식이 다양하여 분류의 기준이 되기도 한다. 화석은 대개 여러 마리가 함께 모인 상태로 얇은 층을 이루어 나오는데, 진주 나동면 신율리와 예하리 그리고 가좌동에서 발견되었다. 진주에서 발견되는 개형충은 <그림27>에서 보듯이 길이가 1밀리미터도 안 되는 콩팥 모양이며 표면에 장식이 없는 종으로, 시프리데(*Cypridea*) 속의 일종으로 감정되었다. 진주층의 검은빛 셰일층에서 흔히 발견된다. 진주교대 과학교육과에 보관되어 있다.

엽지개(葉肢介) 화석: 겉모습이 조개류와 비슷하나

<그림29> 엽지개 화석이 많이 모여 만들어진 화석. 진주시 금산면 진주동중학교 부근에서 나왔다. 진주교대에 보관되어 있다.

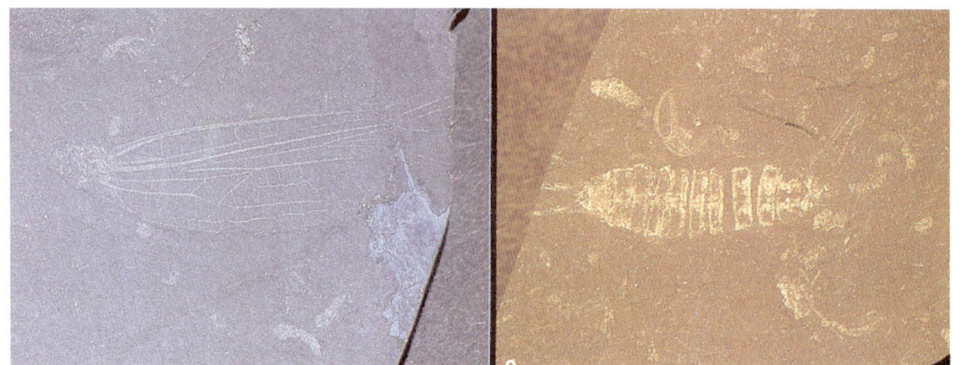

<그림30> 진주에서 많이 나오는 잠자리 날개 화석(왼쪽)과 유충 화석. 날개와 유충의 모양으로 보아 왕잠자리과에 속하는 것으로 보인다. 진주교육대학교 본관 공사 때 나왔으며 유충 화석은 진주시내 여러 곳에서 나온다.

분류상 절지동물에 속한다. 대략 4억 년 전에 지구에 나타나 현재까지 이른다. 몸 길이가 1센티미터 정도로서 탈 바꿈을 할 때에 벗은 허물이 남아 동심원 모양의 생장선을 갖고 있다. 진주층의 여러 곳에서 발견된다. 진주시 대곡면 와룡리, 초전북동, 금산면 중천리 등지에서 아주 많이 발견된 적이 있다. 화석으로 남는 부분은 껍질에 지나지 않으나, 중국 학자가 만든 용어인 엽지개는 살아 있을 때 나뭇잎 모양의 헤엄치는 다리가 있어 생긴 이름이다. 에스테리아(estheria)라고 부르기도 하나 요즘에는 그냥 '엽지개'로 부르고 있다. 이 화석도 표준 화석으로 가치를 갖는 종이 있어 진주층의 시대가 백악기 전기임을 알 수 있다.

잠자리 화석: 잠자리는 고생대 페름기에 나타나서 진주층이 쌓이던 백악기에는 여러 개의 목으로 늘어나서 하늘의 작은 지배자가 되었다. 진주에서 나타나는 잠자리 화석은 주로 애벌레 화석과 날개 화석이다. 애벌레는 개체 수가 많고 물 속에서 죽는 탓에 보존 가능성이

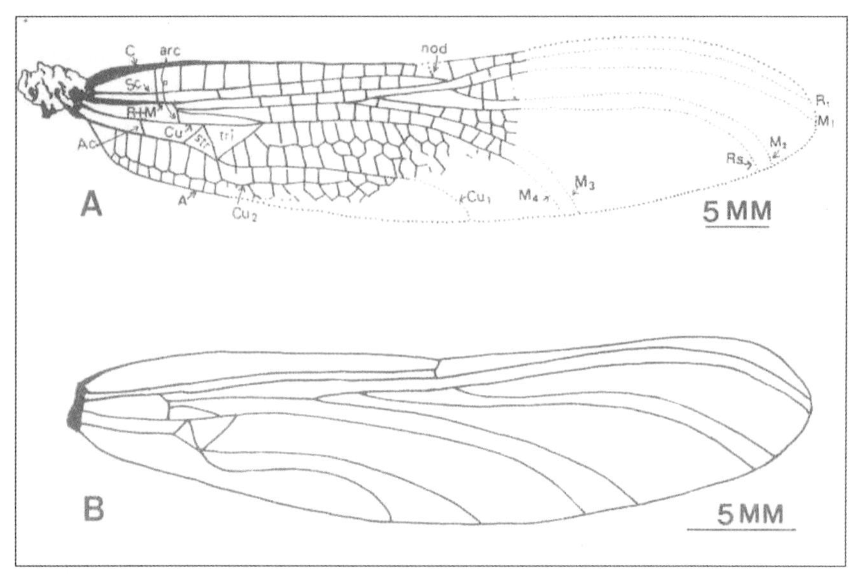

〈그림31〉 날개 화석(A)과 현생 왕잠자리과 잠자리의 날개(B)를 비교할 때 그 크기와 날개·맥(脈) 등 여러 요소들이 매우 닮은 것을 알 수 있다.

높다고 볼 수 있다. 일본인 학자가 진주층에서 잠자리 날개 화석을 처음 발견한 것은 1929년이었다. 요새는 각종 공사 때문에 진주시 일대에서 지층의 속을 들여다 볼 기회가 많아짐에 따라 잠자리 화석이 자주 눈에 띄게 된다. 애벌레 화석은 1억 년이 지난 현생종과 무척 비슷하여 분류에서 목(目) 단위까지 감정이 된다. 화석으로 보존된 부분은 주로 다리와 배 부분이며 머리는 보이나 더듬이는 잘 보이지 않는다. 암수 구분에 기준이 되는 하부 돌기도 뚜렷하지 않다. 날개 화석 역시 현생종과 아주 비슷하여 왕잠자리과(Family Gomphidae)로 보인다.

바퀴 화석: 진주시 상평대교 남쪽에다 주택지를 마련하느라고 일대의 지층을 덜어 내는 과정에서 많은 화석이 드러났다. 무엇보다도

74

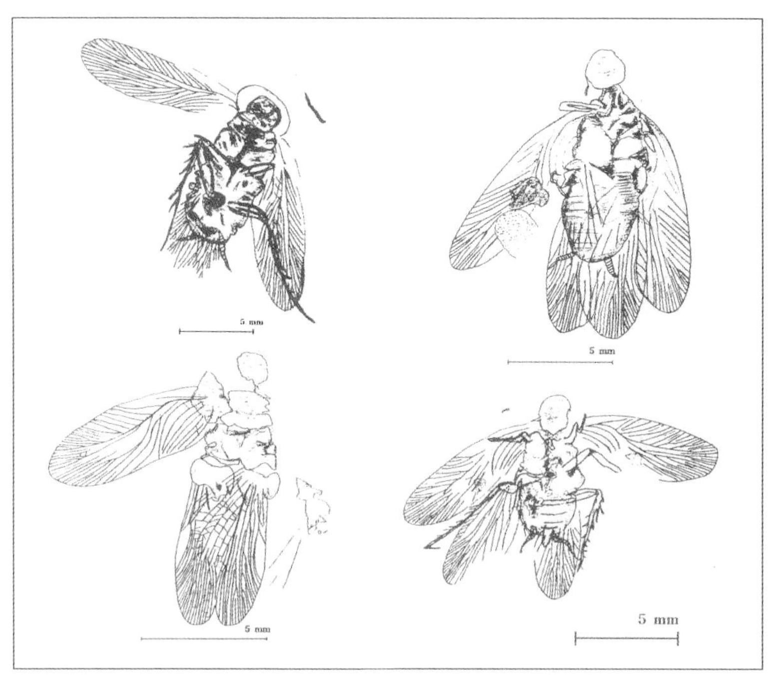

<그림32> 길이 1센티미터 가량의 바퀴류 화석들. 상평대교 남쪽 고속도로 요금소 주변 택지조성 공사 때 나왔다.

곤충 화석이 많이 나왔는데 그 가운데서도 바퀴류의 화석이 잘 보존된 채로 발견되었다. 백광석이 논문에 소개한 4개 개체의 그림을 보면(<그림32> 참조) 머리 부분과 가슴, 배 부분뿐만 아니라 날개의 맥(脈)도 비교적 잘 보존되어 있음을 알 수 있다. 국내에 알려진 곤충 화석으로는 가장 좋은 자료가 아닐까 한다.

어류 화석: 일찍이 진주가 아닌 다른 지역의 진주층에서 물고기 화석이 발견된 적은 있었다. 진주에서는 상평대교 부근에서 길이 5센티미터 정도의 민물고기 화석이 몇 점 나왔는데, 등뼈가 굽은 채로 화석이 되었다. 등뼈는 뚜렷하나 지느러미는 꼬리지느러미만 뚜렷하다.

<그림33> 등뼈가 휜 담수성 어류 화석. 전체 길이가 약 5센티미터이다.

이곳에서 나온 화석 가운데 물고기 비늘 화석은 보이지 않는다.

　나무줄기 화석: 나동면 신율리를 가로지르는 진주 외곽순환도로 공사장에서 나무줄기 화석과 스트로마톨라이트(stromatolite)가 발견되었다. 화석은 식물의 둥치에 해당하는 부분으로 길이가 10미터에 달하며 굵은 둥치에서 가는 줄기가 뻗어 나온 것으로 회색 세일이 풍화되면서 화석도 어느 정도 풍화를 받은 상태였다. 보존 상태가 좋지 못해서 나무의 종류를 감정하기는 어려웠으며, 현미경 연구도 가능성이 없어 보였다. 그러나 전체적인 상태로 보아 당시의 식물 상태를 연구하는 자료로서는 쓸모가 있는 것이다.

　공룡 발자국 화석: 공룡 발자국 화석이 발견되는 곳은 진주시 나동면 일반폐기물 관리사업소에서 강 하류로 약 600미터 떨어진 하천 바닥이다. 공룡 발자국 화석과 더불어 조개 화석이 함께 발견되고 있다.

행정구역으로는 진주
시 나동면 유수리와 사
천시 축동면 반용리의
경계선에 맞닿은 진주
시 지역이다. 하천을
따라 시 경계가 그어진
곳이며 화석이 나오는
곳도 역시 하천 바닥이
어서 화석이 발견된
1996년 당시에는 이 지
점의 정확한 위치가 잘
못 확인되기도 하였다.

화석이 나오는 지층
의 층위는 진주층에서
가장 낮은 부분이며 암
질은 세립질 사암이다.
이곳에서 볼 수 있는

〈그림34〉 진주시 나동면 신율리 도로 공사 현장에서 발견된 대형
나무줄기 화석.

발자국은 모두 47개에 이르며 종류도 여러 가지이다. 네 발로 걸어 다
닌 초식성 공룡 발자국이 앞 · 뒷발 합하여 10개, 육식성 수각류 발자
국이 3개, 나머지는 초식성 새 종류의 발자국이다. 네 발로 걸어 다닌
공룡 발자국은 앞발의 길이가 40~45센티미터, 뒷발의 길이가 63~74
센티미터의 중형 크기이며 보폭(stride)은 240센티미터에 이른다. 두
발로 걸어 다닌 공룡 발자국은 그 길이가 거의 30센티미터 안팎이나

<그림35> <그림34>의 현장에서 떼어 낸 나무줄기 화석.

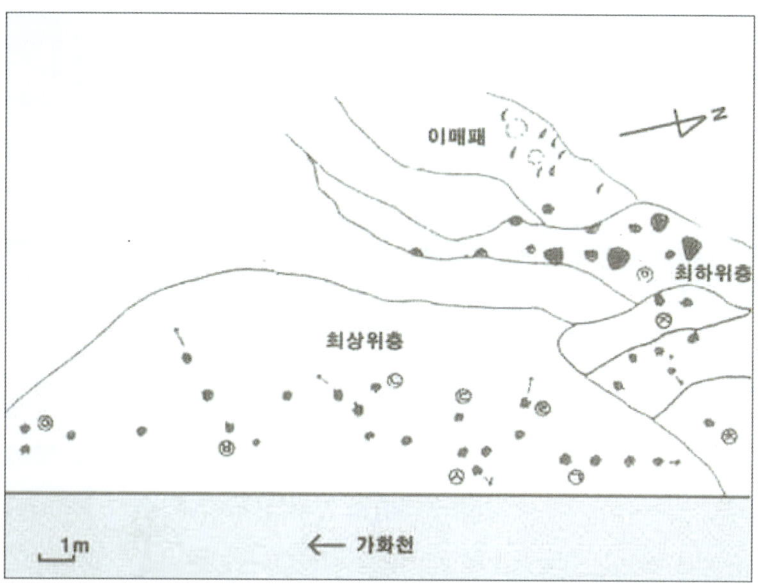

<그림36> 진주시 나동면 가화천 하천 바닥에서 관찰되는 공룡 발자국 화석과 조개 화석.

40센티미터에 이르는 것도 있었다. 화석을 포함하는 지층이 강바닥에서 침식에 견뎌 남았기 때문에 성층면의 면적이 넓지 않은 까닭도 있으나, 네 발로 걸어 다닌 공룡을 제외한 두 발로 걸어 다닌 공룡의 발자국 줄이 길지 않다. 이래서는 보폭을 정확하게 계산하기가 매우 어렵다. 〈그림36〉은 발자국 화석의 산출 양상을 그린 것이다.

6. 화석 발굴, 왜 그리고 어떻게 하는가?

우리나라 문화재보호법은 문화재를 두 가지로 나눈다. 사람이 인공으로 만드는 '인문 문화재'와 자연으로 이루어져서 오랫동안 사람과 함께 살아오며 선조의 얼과 삶의 양식이 배어 있는 '자연 문화재'로 나누는 것이다. 1972년 유네스코 총회에서는 세계 유산을 '문화유산'과 '자연유산'으로 나누었는데, 이것도 비슷한 생각으로 나눈 바이다. 자연 문화재는 크게 동물, 식물, 지질광물, 천연보호구역, 자연현상으로 나눌 수 있으며, 지질광물 문화재의 한 가지로 화석이 포함되어 있다. 따라서 화석의 발굴은 문화재 발굴 차원에서 이해할 수도 있다. 여기서, 화석 발굴의 여러 가지를 한번 알아보자.

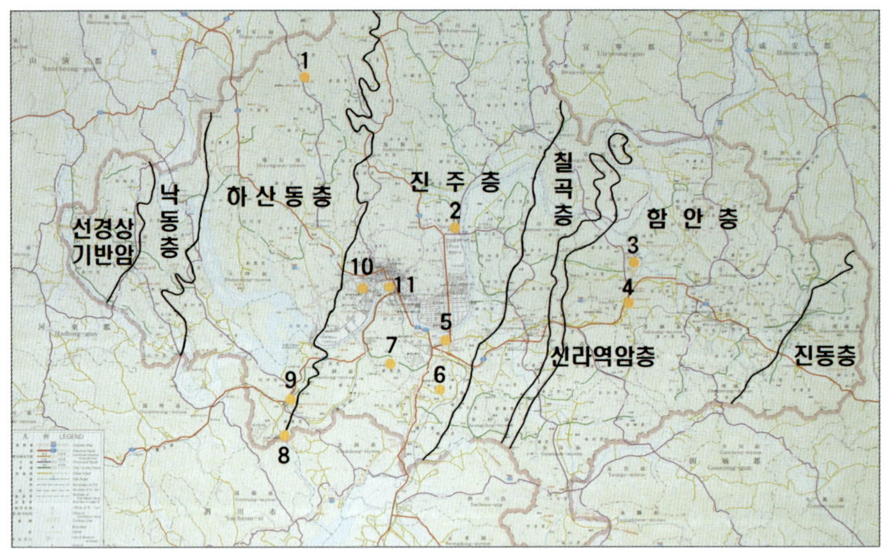

<그림37> 진주시에서 화석과 유명 퇴적 구조가 나오는 곳.
1. 명석각, 2. 엽지개 화석, 3. 천연기념물 제393호 새 발자국 화석,
4. 상촌리 공룡 발자국 화석, 5. 곤충 화석 등, 6. 식물 화석 등, 7. 나무둥치 화석,
8. 공룡 발자국 등, 9. 천연기념물 제390호 백악기 고환경과 공룡 화석 산지,
10. 잠자리 화석, 11. 각종 퇴적 구조

발굴은 왜 하는가? : 토기 같은 매장 문화재와 마찬가지로 화석도 현장에 그대로 둘 수 없는 상황이 되었을 때(공사, 훼손 우려 따위) 발굴한다. 발굴한 화석은 보존할 만한 공공기관에 보관하고 연구와 교육에 활용하게 한다. 그러나 화석은 가능하면 현장에 그대로 두고 그 값어치를 찾아야 한다는 점에서 매장 문화재와는 다르다고 하겠다.

발굴은 누가 무엇으로 하는가? : 화석 발굴은 지질학자나 고생물학자가 참여하며, 각종 기계나 기구를 사용하는 기술자의 도움을 받는다. 발굴조사단장을 비롯하여 책임조사원, 발굴조사원, 보조원, 인부 그리고 발굴조사단에서 자문을 받아야 할 때에는 자문위원을 두기도 한다.

발굴 현장의 사정에 따라 다르지만 발굴 기계나 기구로는 대개 브레이커 또는 굴착기를 이용하고 망치, 전기톱 같이 암석을 끊거나 깨는 장비들도 필요하다. 자르거나 떼어 낸 화석을 옮기려면 차량이나 수레 같은 것이 필요함은 물론이다. 그밖에 기록 장비로 카메라, 비디오 같은 것이 있어야 하고, 줄자 등 측정에 쓰이는 장비도 필요하다.

복사본(레플리카, replica) 제작을 한다 : 화석을 포함하는 바위나 돌을 끊거나 잘라서 들어낼 때에는 흔히 복사본을 만들어 둔다. 본디의 모습을 잊어버리지 않고 기록할 필요가 있을 때에 만드는 것이다. 실리콘 같은 화학 약품으로 본을 떠서 만든다.

발굴 결과를 보고한다 : 현장 조사와 발굴이 끝나면, 실험실에서 암석학적 연구와 고생물학적 연구를 한 다음 보고서로 만들어 제출한다.

발굴한 화석과 복사본(레플리카) 같은 것은 문화재인 만큼 문화재청에 보고하고 국립기관(대학이나 박물관)에 보관하여 연구나 교육에 쓰일 수 있도록 대비한다. 박물관에서 화석을 발굴할 때에는 적당한 것을 전시하며 나머지는 보관 창고에 보관한다.

최근에 필자 등이 직접 참여하여 발굴한 화석을 진주교육대학교에 보존하기까지의 과정을 예로 들어 보겠다.

화석의 소재지는 경남 하동군 금남면 대송리 환치마을 해안이다. 복족류(腹足類 ; 다슬기)와 담수성 조개류의 화석이 나왔으며, 특히 복족류는 여러 개의 층으로 나왔다. 화석을 포함하는 지층은 중생대 백악기 전기에 만들어진 하산동층 중부의 이암층(泥岩層)이었다. 하동화력발전소가 바다에 석탄재를 버릴 장소로 예정되어 있어서, 근처의 화석 산지가 파묻히게 되어 해결할 길을 찾아야 했다.

화석은 다른 자원과 달리 한번 파괴되면 재생이 불가능한 자연 유산이므로, 학술 가치가 있다고 판단하면 영구히 현장에 보존하여 후손에게 물려주어야 한다. 환치마을의 화석도 학술로나 문화재로나 가치가 인정되어 현장에 보존하는 방향으로 당초에 결론이 나왔다. 많은 토론을 거친 다음 현장에 보존하기 위하여 다음과 같은 방안이 제시되었다.

첫째, 현재 시행하고 있는 석탄재 쓰레기장 공사를 중지하고 다른 곳으로 옮겨 다시 건설하는 방안이 제시되었다. 그러나 옮겨 갈 다른 부지가 없으며 이미 방파제 공사로 막대한 국가 예산이 집행된 상태여서 사실상 어려웠다. 둘째로, 석탄재 쓰레기장을 계획대로 만들되 화석 산지 주변에 제2의 방파제를 만들어 화석 산지와 석탄재 쓰레기장을 분리시켜 화석을 보존하는 방안이 나왔다. 발전소 측에서는 건설 예산이 수십 억 원에 달하며 제2방파제 때문에 석탄재 쓰레기장의 면적이 줄어들어 막대한 손실을 초래한다고 하였다.

필자를 비롯한 관련 학자들이 학술 조사를 시행하고, '보존된 화석의 학술적 가치를 인정하나, 현장 보존이 어려운 점을 감안하여 이곳을 발굴하여야겠다'는 의견이 담긴 보고서를 제출하여 관계기관의 승인을 받았다. 이에 따라 전문업체가 선정되었으며, 필자 등의 자문을 받아 발굴하게 되었다. 다행히도 이 화석과 같은 종류의 복족류 화석이 진교면 양포리 해안에서도 나오고 있어, 발굴하자는 쪽으로 다른 학자들이나 문화재청의 이해를 구하는 데 도움이 되었다.

발굴 계획은 화석을 포함하는 부분을 모형으로 제작하고, 화석 노두를 적당한 크기($1 \times 1 \times 5$m 정도)로 끊어서, 끊어 낸 화석을 국립대학 또는 지자체의 박물관 등에 보관하여 관리하고, 발굴은 전문가의 자문을 받아 시행하며, 예산은 하동화력발전소에서 지원하기로 하였다. 결과적으로 원형을 본뜬 복사본 전부와 잘라 낸 화석을 진주교육대학교에 보관하게 되었다.

발굴의 모든 과정을 사진으로 살펴보면 〈그림38〉~〈그림46〉과 같다.

〈그림38〉 복족류(다슬기) 화석 산지 전경.

〈그림39〉 화석의 군집. 화석의 배열 방향을 보면 당시의 물이 흐른 방향을 알 수 있다.

〈그림40〉 평행하게 나타나는 검은 선이 화석층. 죽은 다슬기 사체가 떠내려와서 층을 이룬 것이다.

〈그림41〉 모형을 만들고자 실리콘을 바르고 있다. 이 위에 다시 FRP(유리 섬유 보강 플라스틱)를 덧바른다.

〈그림42〉 굳은 FRP를 떼어 내서 그 위에 원래의 암석과 같은 색을 칠한다.

〈그림43〉 모형(레플리카)을 실내에 설치한 모습. 진주교대 과학관 2층 복도에 전시 중이다.

〈그림44〉 화석을 포함하는 지층의 일부를 자르기 위해 옆 부분의 암석을 미리 잘라 낸 상태.

〈그림45〉 자른 부분을 차량으로 싣고 와서 기초공사를 해 놓은 곳에 설치하고 있다.

〈그림46〉 복족류 화석을 현장에 가지 않고 학교 정원에서 관찰하는 학생들.

7. 진주에서 이루어진 화석 발굴

지금까지 알아본 대로 진주는 여러 종류의 화석이 나오며, 종에 따라서는 많이 나오기도 하는 곳이다. 그런데도 도시가 발달함에 따라 갖가지 토목 공사를 진행하면서 귀중한 화석들이 사라지고 있다. 법이 정하는 대로 지질문화재를 발굴하고 수집하였다면, 이들을 연구 자료로 활용함과 아울러 문화재를 확보하는 의미에서 매우 바람직한 일이었을 것이다. 최근, 남해안 지역 문화재를 조사하다 보니 진주에서 가장 넓게 나타나는 진주층의 연장된 부분에서 세계적으로 희귀한 화석이 발견되는 것으로 보아 수평 거리가 그렇게 멀지 않은 진주의 같은 층에서도 그런 화석이 발견될 확률이 대단히 높다.

여기서는 지난 몇 년 사이에 진주에서 필자가 참여하여 발굴한 몇 차례의 사정을 살펴보기로 한다.

진주 가좌 2지구 화석 발굴

조사 지역은 경상대학교 정문에서 개양육교를 건너 사천으로 연결된 국도와 정문에서 나동면 소재지로 가는 좁은 도로 사이에 자리 잡은 곳으로 진주 가좌동 택지 개발 사업 지구의 남쪽 3분의 1에 해당되는 넓은 지역이다. 이 지구의 3개 구역이 화석 산출이 가장 기대되는 곳이었다. 다른 구역은 일부를 매립하여야 하는 곳인데 견주어 이 구역은 암반의 대부분을 폭파하여 제거할 곳이기 때문에 많은 양의 바위 조각에서 화석이 상대적으로 많이 나올 것으로 기대되었다. 조사 및 발굴 기간은 2003년 5월에서 6월까지였으며, 한국고생물학회와 대한주택공사 경남지사 사이의 용역 계약으로, 필자와 경북대학교 이

성주 교수가 참여하였다.

1) 조사 지역의 지형 및 지질

조사 지역은 경상대학교와 남해안고속도로 사이의 가좌 2지구 택지 조성 공사 지역으로 중생대 백악기 전기(약 1억 2000만 년 전)에 해당하는 신동층군 진주층의 최상부에 해당한다. 이 진주층은 백악기 전기의 호수와 호숫가의 하천 환경에서 퇴적된 육성층으로 이루어져 있으며, 당시의 환경을 유추할 수 있는 많은 화석과 퇴적 구조(연흔 및 건열)들을 관찰할 수 있다. 조사 지역의 남서쪽에는 진주층의 하부층인 하산동층이 자리 잡고 있어서 조사 지역과의 경계를 이루고 있다. 이 지역은 열변성(熱變成)을 받지 않은 대부분의 퇴적암 지역이 그러하듯이 완만한 경사를 이루며 소나무 같은 다년생 식물로 덮여 있는 언덕 비슷한 산지이다. 고속도로를 만들면서 한 면은 잘려 나갔으나 북쪽과 서쪽

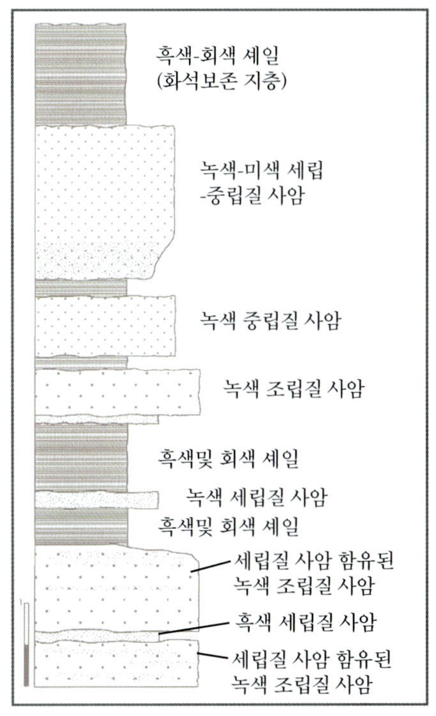

<그림47> 가좌 2지구 화석 산출 지역의 주상도(柱狀圖). 발굴된 대부분의 화석(식물 화석, 곤충 화석 및 개형충 화석)은 사암에 끼어 있는 흑색–회색 셰일에서 나왔다.

면은 완만한 언덕이다. 해발고도가 가장 높은 개양육교 서쪽 지점도 겨우 해발 52미터에 지나지 않는다.

이 지역은 진주층의 윗부분에 속하며, 암질은 연한 잿빛 사암과 검정 빛깔의 세일이 반복하여 나타난다. 주향 N18°E, 경사 8°SE로 일반적인 경상분지 퇴적 지층과 거의 비슷하다. 암질이 거의 변질하지 않았고, 화성암이 뚫고 들어온 흔적도 없어서 화석의 보존이나 산출 상태는 양호할 것으로 기대되었다. 진주층의 지질 특성인 검정 또는 잿빛 세일과 잿빛 사암이 서로 번갈아 지층을 이루고 있다. 호수에 퇴적하여 만들어진 퇴적암이어서 많은 종류의 화석이 드러난 것으로 보고되었다.

이미 앞선 연구에서 이 지점과 가까운 여러 곳에서 화석이 드러난 보고들이 있었으며 이번 조사에서도 많은 화석이 발굴되었다. 공사를 진행하는 과정에서 새로운 바위(노두)가 많이 나타나 상세한 지층 단면을 확인할 수 있었다. 사암 또는 사질 세일층이 넓게 나타남에 따라 공룡 발자국의 발견을 기대하였으나 진주층의 다른 지역에서와 마찬가지로 발견되지 않았다. 가장 많이 발견된 화석으로는 개형충 화석과 나무줄기 화석, 나뭇잎 화석, 갖가지 곤충 화석이다. 여기와 같은 층위에서 약 30~40미터 위에 있는 층에서 물고기 화석이 발견된 적이 있으나 이곳에서는 기대한 만큼의 화석이 발견되지 않았다.

2) 발굴된 화석과 퇴적 구조

개형충 화석은 작은 화석(미화석)의 일종으로 보존 상태가 좋은 편이고, 발견되는 개체수가 대단히 많으며, 다양한 식물 화석 조각과 함께 나왔다. 이곳에서 나오는 개형충은 백악기 육성종(freshwater species)이며 이 화석은 전 세계적으로 지층의 시대 측정 및 층서 대비(*層序 對比* ; 떨어진 두 개 이상의 지층의 퇴적 순서 등을 서로 견주는 일)에 폭넓게 사용되고 있는 중요한 화석이다. 또한 민물, 반민물, 바닷물까지 비교적 광범위한 환경에 적응하며 특히 바다에서는 심해에까지 분포한다. 개형충은 세계적으로 광범위하게 연구되고 있으며, 고생대 캄브리아기 초기부터 현생에 이르기까지 긴 지질시대에 걸쳐 나타나고 있다.

우리나라에서도 이에 대한 연구가 오래 전에 이미 있었으며, 그간 경상분지 진주층(백악기)에서 나타나는 개형충 화석에 대한 연구는 필자를 포함한 몇몇 학자들이 해 왔다. 진주에서 나온 개형충 화석 연구 결과를 보면 시프리데 속이 가장 많다. 이들은 식물의 파편과 갑각류 파편들과 함께 나타나는데 이들로 말미암아 진주 지역의 지층 형성 환경을 짐작하게 하였다. 진주층이 퇴적으로 이루어지는 기간에 한때는 이 지역에 작고 얕게 물이 고였던 곳이 있었으며, 화석이 나오는 것으로 보아서 건기와 우기가 계속 반복하였고, 진주층 윗부분이 쌓이는 동안 이들 생물에게는 살기 좋은 조건이었음을 알 수 있다.

곤충 화석에 관한 조사 결과를 보면, 조사 지역의 검은 잿빛 세일층에서 많은 절지동물의 화석들이 나타났다. 이 가운데에는 곤충 화석이 원형을 그대로 보존한 채 발견되기도 하였는데, 곤충 화석은 지질시대를 통해 극히 복잡하게 진화하여 현생 동물 가운데 가장 많은 종을 형성하고 있다. 곤충 화석은 일반적으로 껍질이 딱딱하지 못하여(광물질 껍질 대신 키틴질 껍질을 가지고 있음), 다른 동물 화석에 견주어 화석으로 나타나는 비율이 매우 낮은 편이다. 이처럼 곤충들은 화석으로 보존되기가 대단히 어려운데, 이 지역에서 많은 수는 아니나 완전한 상태의 곤충 화석이 발견되어 진화학적·분류학적·계통학적·고생태학적·생물지리적 연구에 큰 기여를 할 수 있으므로 지질학적인 의의가 매우 크다 하겠다.

이 지역에서 발견한 곤충 화석은 원형의 형태를 간직한 채 키틴질로 이루어진 외골격이 그대로 보존되어 있다. 이는 다른 지역에서 발견된 곤충 화석보다도 더 보존 상태가 좋다는 뜻이다. 이번 조사에서 발견된 곤충 화석은 이 지역 말고 여러 진주 지역의 진주층에서 발견된 곤충 화석과 함께 그 다양성이 더 돋보였다. 필자는 진주층 상부인 진주교대 교정 안에서 많은 양의 잠자리 유충 화석과 잠자리 날개 화석을 발견하여 보고한 적이 있다. 이번 조사 지역과 거의 같은 층인 진주시 호탄동의 검정빛 세일층에서도 많은 곤충 화석이 채집되었으며, 또한 거기서 얼마 떨어지지 않은 남해안고속도로 진주 나들목 부근의 상평대교 옆 택지 개발지의 진주층 중-상부에 해당하는 검정빛 세일층에서도 여러 종류의 곤충 화석과 물고기 화석이 나왔다.

이곳에서 발견된 절지동물 가운데에는 고생대에 번성한 삼엽충과 매우 닮은 형태를 한 절지동물들이 적게나마 나타났다. 이들은 곤충처럼 검은 잿빛 세일층에서 곤충과 함께 나타났으며, 곤충보다도 더욱 자주 관찰되었다. 삼엽충처럼 여러 부위가 각각 따로 떨어져 나타났는데, 그 모양이 마치 삼엽충의 머리, 가슴 및 꼬리 부분을 보는 것 같았다. 어떤 화석에서는 꼬리 부분으로 보이는 여러 개의 조각이 찍혀 있기도 하였다. 나타나는 화석의 크기는 1~3센티미터 안팎이다.

대부분은 몸체 부분이 떨어진 채 나타났지만 완전한 형태를 한 개체도 가끔 발견되었다. 이 특이한 절지동물은 형태만 삼엽충과 닮은 것이 아니라 현미경으로 살펴본 표면 구조 또한 삼엽충과 매우 비슷하며, 마치 삼엽충이 껍질을 벗은 듯한 모습으로 관찰되기도 하였다. 따라서 고생대 삼엽충을 닮은 이 절지동물에 대한 형태학적 관찰과 크기 측정 그리고 현생 곤충에 기초한 해부학적 특징을 면밀히 검토하여 더욱 많은 연구가 이루어져야 하겠다.

식물 화석에서는 개형충, 곤충 및 알 수 없는 절지동물 화석과 함께 많은 양의 식물 줄기 화석과 식물 화석 조각이 나왔다. 진주 지역에서 나타나는 식물 화석 연구는 1920년대에 일본인 학자가 처음 이루었다. 일본인 지질학자 고다이라(小平)는 1921년 여름부터 가을까지 진주 부근에서 많은 식물 화석을 발견하여 속새류, 양치류, 소철류, 은행류, 구과류에 속하는 식물 종을 분류하였다. 그는 식물군 조성을 종합하여 그 시대를 쥐라기 전기의 후기로 추정하였다. 그러나 몇 년 뒤에 역시 일본인 학자 다테이와는 이 식물 화석의 시대를 백악기 초기와 쥐라기 중기의 것들이 혼합되어 있으며 그 지질시대는 백악기 전기에 가까운 쥐라기 후기라고 추정하였다.

이번 조사에서는 아주 많은 양의 식물 화석이 발견되었으나 화석의 보존 상태가 안 좋고, 거의 모든 화석이 조각으로 나와 식물 화석에 대한 감정이 거의 불가능하였다. 따라서 식물 화석 조각만으로 식물의 종류를 정확히 확인할 수 없었다. 이곳에서는 나무줄기 화석도 나왔는데, 대부분이 폭 20센티미터에 길이가 30~50센티미터 정도로 보존 상태는 좋지 않으나 나무 특유의 내부 구조가 일부 관찰되었다.

나무줄기 화석 가운데 1점은 감정이 가능하였으며, 속새류로 판명되었다. 따라서 이 줄기 화석과 함께 나타난 수많은 식물 조각 가운데는 속새류에 속하는 식물 조각이 많을 것으로 추정되었다.

그밖에 발견된 퇴적 구조로는 건열, 연흔 같은 퇴적 구조들이 있었으며, 앞에서 소개한 화석들의 연구 결과를 종합하면 그 당시의 고생태 환경을 유추할 수 있다. 특히 물결 자국에서 측정해 본 고수류의 방향은 대략 북북서 방향이었으나 전체적인 고수류의 방향을 알기에는 자료가 부족하였다.

이번 화석 조사에서 발굴된 화석의 산출 의의는 학술적 의의와 문화재적(보존 가치와 관련하여) 의의로 나눠 볼 수 있다.

이번 조사 연구에서 밝혀진 화석 종들은 지리적(공간적)으로나 층서적(시간적)으로 조사 지점 가까이의 다른 지층에서 이미 확인된 종들이 대부분이다. 그러나 이번 조사 결과에서 나타났듯이 한 지점에서 동식물 화석과 미화석이 함께 나타난 점과 여러 가지 퇴적 구조(건열과 연흔)가 동시에 나타나고 있는 사실은 이 지역의 퇴적 환경을 이해하는 데 많은 도움이 된다. 곧 호수에서 이루어진 퇴적으로 이해하였던 진주층이 호수 주변의 여러 사정을 반영하는 근거들이 많이 나옴으로써 좀 더 상세한 퇴적 환경을 해석하는 계기가 되었다. 또한 갖가지 화석(식물 화석, 곤충 화석, 개형충 화석)이 나오는 점은 우리나라 백악기의 생물의 다양성을 복원하는 데도 커다란 도움을 줄 수 있다. 뿐만 아니라 이들 화석을 정밀히 분류하게 되면 국내 화석 연구에 많은 정보를 제공할 것으로 보인다. 무엇보다도 많은 공룡이 나타나는 것으로 유명해진 경상누층군에서 공룡이 먹고 살았을 식물 화석의 존재와 이들의 풍부함은 국내 백악기의 생태적 연구에도 많은 도움을 주리라 생각한다.

한편 문화재적인 측면에서는 사암이나 셰일의 성층면이 넓게 드러났으나 공룡 발자국 화석이 나오지 않았으며, 물결 자국 같은 퇴적 구조는 잘 발달되지 않았다. 공룡 발자국 화석의 경우는 퇴적 환경을 감안하면 가능성이 전혀 없는 것은 아니다. 그러나 대부분의 진주층에서처럼 공룡의 서식지로서 알맞지 않은 원인이 있었던 것으로 이해된다. 퇴적 구조의 경우는 진동층과 달리 진주층이 쌓이던 당시에 호수의 규모나 암질로 보아 호수의 얕은 물 환경을 암시하는 물결 자국이 관찰되지 않은 것은, 진주층이 퇴적되던 전체 기간에서 물결 자국이 잘 만들어지는 호수 주변이었던 기간은 길지 않았음을 알려 준다.

이 조사에서 밝혀진 사실로 미루어 화석들이 암시하는 퇴적 환경은 호수 주변이었음을 가리키나, 호안선(湖岸線)에서 어느 정도 멀리까지 생물의 잔해가 이동, 퇴적, 매몰되어 화석화가 이루어졌는지는 좀 더 많은 자료를 모으고 퇴적학적인 연구를 해야만 알 수 있을 것이다.

진주시 진성면 상촌리 공룡 발자국 화석 발굴

이 지역에 대한 조사 및 발굴은 이 구간에서 자연 문화재인 공룡 발자국 화석의 분포가 확인된 것이 계기였다. 그러나 이 일대는 진주-진성 사이 도로 확장 및 포장 공사 예정 구간으로 현상 변경이 불가피하였다. 따라서 사전에 화석 분포가 예상되는 구간에 대한 시굴(試掘) 조사를 통하여 나타나는 화석의 종류나 나타나는 양상을 확인하자는 계획을 세웠다. 학술로나 문화재로서 가치가 인정되면 공사 진행 여부를 결정짓되, 만약 발굴한다면 화석의 보존 및 활용 대책을 마련하기 위해서였다.

조사 발굴 지역의 위치는 경남 진주시 진성면 상촌리 276-6, 276-7 및 277-3번지로서, 넓이는 약 4500제곱미터에 이른다. 주요 조사 대상은 이 지역에서 나타날 것으로 예상되는 공룡 발자국 화석, 새 발자국 화석 및 연흔 같은 퇴적 구조 등의 분포 상태에 대한 것이었다.

조사 발굴 기간과 일정은 원래 2002년 8월 5일부터 9월 4일까지 30일 동안이었다. 그러나 비가 여러 날을 잇달아 오는 바람에 어쩔 수 없이 기간을 연장하였다. 더구나 조사 후반에 가치가 인정되는 공룡 화석이 들어 있는 층이 나타나서 이 화석층의 복제와 절단을 하느라 기간이 좀 더 늘어났다.

조사는 다음과 같은 과정을 거쳤다. 우선 현장을 사전 답사하여 조사 지역의 범위를 확인하고 지층의 자세(주향·경사)와 암질을 파악하여 발굴 방향을 세웠다. 그리고 지층의 주상도(柱狀圖 ; 지층이 쌓여있는 상태를 기둥 모양으로 길게 그린 그림)를 작성하고 지층 단면을 통하여 화석이나 퇴적 구조가 나타날 것으로 예상되면, 상위 지층부터 걷어 내면서 조사원을 동원하여 화석 포함 지층을 전면 노출시키고 표면을 깨끗이 유지한 다음, 정밀 조사 방법을 이용하여 화석이나 퇴적 구조를 찾았다. 찾은 화석이나 퇴적 구조는 사진을 촬영하고 기록을 한 다음 FRP(fiberglass reinforced plastics ; 유리 섬유 보강 플라스틱)로 복사본을 뜨거나 가치가 클 때에는 잘라 내어 옮겨서 보관

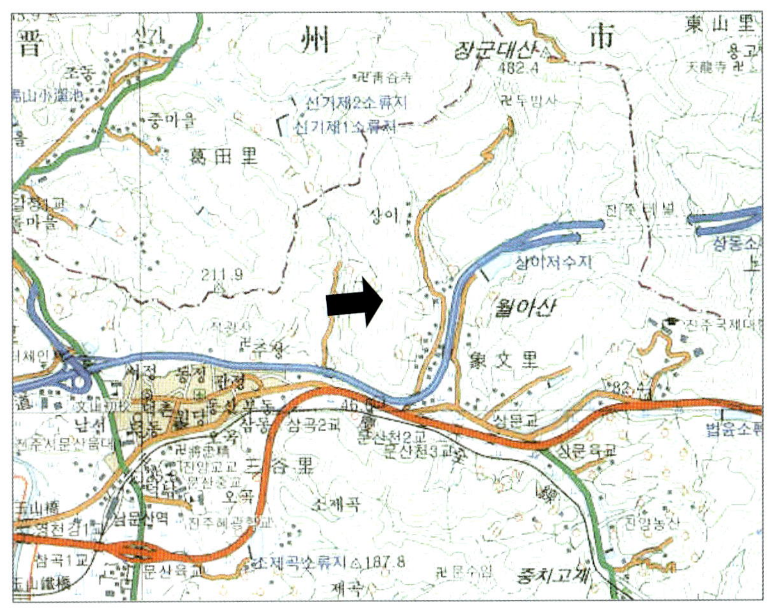

<그림48> 조사 지역의 위치(화살표)

하고, 앞으로 학술 및 문화재 기초 자료로 활용하기로 하였다. 보고서에는 조사된 내용과 조사단의 의견을 함께 써 넣어 사업 예정지에 대한 처리 방안을 설정하는 지침서로 활용할 수 있도록 하고, 발간된 보고서는 시행자 측과 관련 기관 및 연구자에게 배포하였다.

조사 지역의 위치는 남해안고속도로 진성 나들목에서 진주 방향으로 약 500미터 지점에서 오른쪽으로 200미터 가량 떨어진 지점으로, 진주-진성 사이 도로 공사 현장이다(<그림48> 참조).

조사 지역에서 공룡 화석이 들어 있는 층은 백악기 경상누층군의 하양층군의 함안층 하부에 해당한다. 암질은 주로 붉은빛 '가는 모래 셰일'(silty shale)과 '잔 알맹이 사암'으로 이루어져 있으며, 하부 층 위에서 '중간 알맹이 사암'이 발견된다. 지층의 자세는 주향

N16~30°E, 경사는 10~14°SE로 경상분지 퇴적 지층의 대표적인 값이며, 이는 이 인근에서 화성암의 관입이 없었고 따라서 습곡 작용 등의 지각변동이 없었음을 시사한다.

화석은 가는 모래 셰일에서 발견되며 잿빛 바위보다는 붉은빛 바위에 많이 찍혀 있다. 셰일은 대개 4~8센티미터 두께로 쪼개지는데, 쪼개진 면에서 갖가지 발자국 화석이 발견되었다. 전형적인 얕은 물밑 환경을 드러내 주는 물결 무늬나 진흙 틈새가 흔히 발견되며 간혹 빗방울 자국도 보였다.

함안층이 쌓인 시간적인 순서는 경상분지 퇴적층을 셋으로 나눌 때 아래로부터 신동층군이 쌓이고, 그 위에 함안층을 포함하는 하양층군이 쌓인 다음 부정합으로 덮은 유천층군이 놓이고, 이들을 불국사 관입암군이 뚫고 들어옴에 따라 함안층은 전체 퇴적층 가운데 대체로 중간보다는 아래에 오게 된다. 이곳의 암색(岩色)도 붉은빛을 띠는 사암이나 셰일이 주된 구성 암석인 것으로 보아 하천에서 퇴적된 것임을 알 수 있으며, 화산암질 모래 성분을 보면 당시 화산 활동이 간간이 있었던 것으로 해석되었다.

조사 지역에서 직선거리로 약 250미터 떨어진, 층위상으로 30~40미터 아래에 해당하는 경남과학고등학교 부지 안의 함안층 사암에서 많은 새 발자국 화석과 공룡 발자국 화석이 보고되어 있다. 함안층의 층서적 위치를 간단히 요약하면 〈표2〉와 같다.

조사 지역의 지층 특성과 옛날 환경에 관해 살펴보자. 조사 지역의 지층은 앞서 말한 경상누층군 지층 가운데 하양층군의 함안층에 해당하며, 함안층 가운데서도 중간의 아래 정도이다. 함안층은 붉은빛의

불국사 관입 암군 ----관입----	관입암 복합체 ----관입----	
유천층군	화산암 복합체	
~~	~~~~~~~~~~~~~	
하양층군	지동층 **함안층** 신라역암 칠곡층	호수 퇴적환경 **하천 퇴적환경** 하천 퇴적환경 하천 퇴적환경
신동층군	진주층 하산동층 낙동층	호수 퇴적환경 하천 퇴적환경 하천 퇴적환경
-+-+--+-+-	先 경상 기반암	-+-+--+-+-

<표2> 경상분지 남서부 층서에서 본 함안층의 층위와 환경

진흙 바위와 응회질(凝灰質) 사암이 반복하여 끼어든 점이 특징인 지층으로, 조사 지역 역시 같은 암석으로 되어 있다.

　조사 지역에 드러난 40여 미터 두께에 이르는 퇴적층을 대상으로 전반적인 암질 특성을 조사한 결과, 이 지역의 퇴적층은 크게 중간 알맹이나 가는 알맹이 사암, 진흙의 얇은 막을 갖는 잔모래 사암, 가는 알맹이 사암 및 실트스톤(siltstone, 微砂岩)과 진흙 바위가 서로 교대로 쌓인 층, 생물이 퇴적물을 뒤섞어 이루어진(생란작용) 가는 알맹이 사암, 가는 알맹이 사암과 진흙 바위가 섞바뀌어 만든 두꺼운 지층, 가는 알맹이 사암과 진흙 바위가 섞바꾸어 만든 얇은 지층, 진흙 바위와 셰일 따위로 이루어져 있음이 확인되었다. 이들 퇴적층의 빛깔은 대체적으로 붉은빛이 우세한 가운데에 푸른빛과 푸른 잿빛이 뒤섞이는 모습을 보인다. 드러난 퇴적층의 하부는 수십 센티미터의 두께로 발달된 가는 알맹이 사암이 대부분이며, 상부는 가는 알맹이 사암과 진흙 바위가 섞바뀌어 이루어진 지층이 많이 보였다.

이곳의 사암층은 바닥면이 뚜렷하게 침식된 모습을 보이며 상향 세립화(上向 細粒化 ; 위로 가면서 입자가 작아짐)하는 양상을 보였다. 사암층에서는 평행층리, 사층리, 연흔이 흔히 보였으며, 일부 가는 알맹이 사암층에는 생물이 퇴적물을 뒤섞은 것으로 해석되는 얼룩 구조가 나타난다. 사암층 위에 점이적(漸移的)인 경계를 가지며 덮고 있는 점토의 얇은 막과 이암의 표면에는 연흔과 건열 구조가 흔히 발달되어 있으며, 여러 유형의 흔적 화석, 침식에 의한 다양한 형태의 표면 구조, 빗방울 자국 등이 보존되어 있다. 한편 이들 진흙 바위층 안에서는 하산동층이나 칠곡층의 진흙 바위 안에서 흔히 발달되어 있는 석회질의 단단한 덩어리(단괴, 캘크리트)가 관찰되지 않았다.

조사 지역의 퇴적층은 중생대 백악기 당시 충적 선상지, 충적 평원 및 호수 같은 환경으로 구성된 경상분지에 속하는 퇴적층이다. 조사 지역 퇴적층의 특성은 이 퇴적층이 충적 평원 위에서 일정한 물길(시냇물이 흐르는 길)을 갖지 않은 채 우기에만 얕은 깊이를 가지며 평원을 흐르는 층상 범람(sheet flood)에 따라 퇴적되었음을 알려 준다. 진흙 바위층의 표면에 틈새가 흔히 발달되어 있음은 우기와 건기가 반복되었음을 나타내 주며, 옛날 흙(고토양)이 발달되어 있지 않음은 퇴적 속도가 비교적 빨랐음을 말해 준다. 이처럼 석회질 옛날 흙이 지배적으로 발달된 하산동층과는 달리 석회질 옛날 흙이 발달되어 있지 않았던 것은 비교적 습기가 많은 기후가 계속되었음을 알려 주는 것으로 해석할 수도 있으나, 층상 범람과 식용 식물이 산 증거가 없는 점 등은 아건조 기후 조건을 암시하여 준다. 결론적으로 층상 범람 퇴적층의 반복된 발달과 석회질 고토양이 발달되어 있지 않은 조사 지역 퇴적층의 특성은 당시의 퇴적 환경이 충적 평원의 하류 지역이 아니라 충적 선상지 하단부 주변에 위치한 그물 모양의 평원이었음을 말해 준다.

상촌리에서 발굴된 화석은 모두 16점이다(〈표3〉 참조). 발굴 층위는 발자국 화석을 포함하는 제1층 아래 약 1~3미터 사이로 추정된다. 범위를 확실하게 지정할 수 없는 것은 화석들을 노두에서 떨어져 나온 돌 조각 속에서 찾았기 때문이다.

화석에서 나타난 학술적 의의로는 먼저 작은 수각류(공룡 발자국 가운데에 발톱이 보이는 공룡)들의 화석이 발견된 점을 들 수 있다. 백악기에 주로 퇴적한 분지인 경상분지나 다른 중생대 육성 퇴적 분지에서 발견된 적이 없는 작은 수각류들의 발자국이 발견된 것이다. 작은 조각 돌(큰 것은 110×55cm)에서 나타나는 화석이긴 하나, 중형이나 대형 수각류의 발자국이 보이지 않는 점으로 보아 일단 성숙한 개체로 볼 수도 있다. 그러나 이들 화석이 나타난 지층으로부터 불과 1~3미터 위층에서 발견되는 갖가지 크기의 수각류 모양을 보면, 새끼들의 발자국이 있을 가능성도 무시할 수는 없다.

또 하나 들 수 있는 의의는 함안층의 공룡 화석이 많이 나타났다는 점이다. 경상누층군에서의 공룡 화석은 주로 진동층에서 나온다. 가

순	표품번호	종 류	비고	순	표품번호	종 류	비고
1	SD 1-A	수각류 A형 1개 B형 5개		9	SD 7-A	조각류 중형 1개	
2	SD 1-B	1-A의 주형(鑄型)		10	SD 7-B	SD 7-A의 주형	
3	SD 2-A	수각류 C형 1개 +1개 (일부분)		11	SD 8	조각류 소형(小形) 1개	
4	SD 2-B	2-A의 주형		12	SD 9	수각류 C형 1개	
5	SD 3	수각류		13	SB 1	물갈퀴새 발자국	
6	SD 4	수각류 B형 2개		14	SS 1	건열	
7	SD 5	조각류 1개		15	SS 2	건열	
8	SD 6	수각류 중형(中形) 1개		16	SS 3	우흔(雨痕)	

<표3> 상촌리의 시굴(試掘) 지역에서 발굴된 화석 및 퇴적 구조 표품(標品)
(SD: 공룡 발자국, SB: 새 발자국, SS: 퇴적 구조)

끔 하산동층에서도 나타난 적이 있었으며 최근에는 함안층에서도 나타났다는 보고가 드문드문 있어 왔다. 그러나 붉은빛을 띠는 암질을 주로 하는 함안층에서 공룡이나 새 발자국 화석이 적잖이 나옴으로써 다른 체화석이 드문 함안층 연구에도 큰 도움이 될 것이다.

이번에 나온 아주 작은 수각류를 간단히 분류해 보면 다음과 같다. A형은 길이가 15센티미터, 폭이 9~10센티미터로서 조각돌에서는 흔치 않으나, 노두에서 많이 보였다. B형은 발자국의 길이가 9~11센티미터이며, 폭이7~10센티미터로서 발바닥이 둥근 원에 가까운 모양이었다. 그리고 C형은 발자국의 길이가 8~9센티미터이며, 폭은 이보다 큰 9~10센티미터였다. A형, B형, C형 같은 분류는 필자가 당시 보고

발자국 구분		길이 평균(cm)		폭 평균 (cm)		깊이 평균 (cm)		소(小) 보폭(앞· 뒤 발 간격)(cm)	보행 방향	마리/발자국 수
용각류		앞	뒤	앞	뒤	앞	뒤	85	W(250°)	3(?) / 18
		33	50	25	34	2~5				
조각류	중·대형	16~32		9~22		1				1 / 1
	소형	12		9		0.5		25(?)		4 / 7
수각류	중형							136	SW(220°)	1 / 2
	소형	29		18		2		?	모든 방향	14(?) / 16
총	계	16		10		1				23마리(?) / 44 개

<표4> 제1화석층에서 관찰되는 각종 발자국

서를 만들면서 편의상 만든 것이다. 연구가 더욱 진행되면 다른 분류 방법을 사용할 수도 있을 터이다.

시굴 조사를 하는 과정에서 네 개 이상의 화석을 포함한 지층을 볼 수 있었으나 화석의 양과 질을 감안하여 두 개 층을 자세히 조사하였고, 그 가운데 한 개 층은 FRP를 이용하여 주형을 만들어 나중에 연구나 문화재 자료로 활용할 경우를 대비하였으며 화석을 포함한 지층 두개를 잘라서 옮겨다 놓았다.

제1화석층은 조사된 지층 총 17.4미터 가운데서 상부에 해당하며, 약 50센티미터의 가는 알맹이 사암 위에 크기가 여러 가지인 공룡 발자국 화석이 많이 찍혀 있다. 전체적으로 바위 빛깔은 붉은빛이며 표면에는 벌레 구멍(burrows)과 환형동물이 기어간 자국(worm trail)이 많이 보였다. 여기서 볼 수 있는 공룡 발자국 화석은 모두 44개로 〈표4〉와 〈그림49〉, 〈그림50〉을 참조 바란다.

제2화석층은 제1화석층으로부터 약 10미터 아래에 있는 층으로서 암질은 가는 알맹이 사암이며, 찍혀 있는 화석은 한 마리의 수각류를

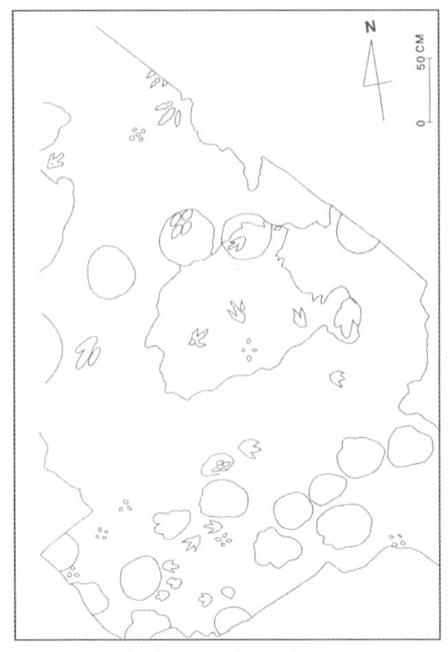

<그림49> 제1화석층의 공룡 발자국 화석

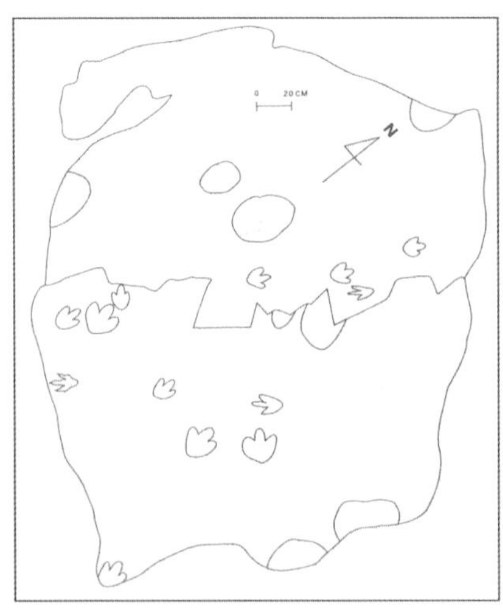

<그림50> 제2화석층의 공룡 발자국 화석

포함하여 공룡류와 새 무리의 발자국이 함께 발견되었다. 새 무리는 다섯 마리로 보이며 작은 것은 길이/폭이 약 15/11센티미터이며 보폭은 65센티미터이었고 큰 것은 길이/폭이 약 20/19센티미터이며 보폭이 약 90센티미터이었다. 수각류는 조각돌로부터 나온 아주 작은 수각류 A형과 비슷한 15센티미터 길이에 폭이 약 10센티미터이며 보폭은 120센티미터 정도였다.

이 조사의 두드러진 성과로는 먼저 여러 점의 화석을 발견한 일을 들 수 있다. 작은 수각류 3종과 새 무리 발자국 화석과 물갈퀴새 발자국 화석 1점 및 다수의 퇴적구조 등 모두 16점을 찾은 것이다. 발견된 발자국 화석 3종 모두 지금까지 우리나라에서 발견되지 않은 종으로서 보존 상태가 완벽하여 육식 공룡 연구에 좋은 자료가 될 것이다.

그리고 보존 상태가 확실하고 발굴 작업 때에 손상을 받지 않은 두 개의 화석층을 발견하였다. 이들 가운데 제1화석층은 문화재적인 가치가 충분히 인정되어 나중에 복제(레플리카)를 위한 FRP를 제작하였고, 이 화석층 전부를 잘라 내어 보관 중이다. 이 화석층은 전체 25제곱미터의 좁은 면적에 공룡류, 새 무리, 수각류 발자국 44개와 벌레 구멍 등이 기록되어 있으며 화석의 다양성과 높은 밀도 덕분에 적당한 곳으로 옮겨서 복원하면 값진 화석 문화재가 될 것이다.

다음으로 얻은 성과는 경상분지 남서부에 자리 잡은 함안층의 층서와 지질 자료를 획득한 것이다. 함안층의 층서 및 지질은 횡적인 변화가 심하여 이미 상세하게 연구가 진행된 분지 중앙부(대구 부근)와는 큰 차이가 있다. 이번 조사로 서부 경남 일대에 분포하는 함안층의 지질과 층서에 관한 많은 자료를 얻을 수 있었다.

발굴된 화석의 보관 및 관리 방안은 다음과 같이 제시하였다.

발굴된 화석과 퇴적 구조(총 16점)는 진주교육대학교 과학교육과에 보관하여 연구 자료로 활용할 계획이고, 발굴된 두 개의 화석층은 그 규모나 학술·문화재로서의 가치를 감안하여 다음과 같이 보관 관리할 계획이다.

제1화석층은 면적이 약 3제곱미터로서 학술 가치는 보통이며 문화재 가치도 적어 잘라 낸 화석층을 진주교육대학교 과학교육과에 보관하기로 하였다.

제2화석층은 면적이 약 25제곱미터이고, 학술 가치가 대단히 크며, 문화재 가치 또한 매우 크다. 따라서 잘라 낸 화석층은 경남 고성군 당항포 자연사박물관에 보관하기로 하였다.

보고서를 작성하면서 마지막으로 다음과 같은 제언을 덧붙였다―

이상의 성과를 바탕으로 앞으로 경남 일대에서 각종 토목 공사를 진행할 때에는 발견이 예상되는 화석 문화재를 충분히 고려하여 계획된 공사의 설계 및 작업에 임해야 한다.

발견 및 발굴이 예상되는 각종 값진 화석 문화재의 보존 및 관리 방안을 세워 문화재의 가치를 극대화하는 제도적 장치를 마련해야 한다. 국립박물관에 자연사실을 마련하거나, 대학에 예산을 별도로 지원하여 화석을 보관·관리토록 하며, 발굴 지역이나 지점의 지방자치단체가 시·군 청사에 따로 공간을 마련, 수집된 문화재를 보관·관리하는 방안도 연구하여야 한다.

발굴 과정을 사진으로 보면 〈그림51〉~〈그림65〉과 같다.

〈그림51〉과 〈그림52〉는 도로 확장 공사 현장 사진이다. 원래는 야산이 있던 곳인데 도로가 지나갈 곳을 발파하여 길을 만드는 최초의 작업이 진행되고 있다. 도로 공사만을 위해 강한 폭약을 사용할 경우 땅 속에 있을 수 있는 화석의 훼손이 우려되므로 되도록 조심스럽게 발파한다.

자연에 의해 지표에 있는 암석이 풍화되고 지하에 묻혀 있던 지층이 드러나려면 많은 시간이 걸리지만 순간적으로 발파하여 드러난 지층은 신선하기 때문에 화석을 발견하면 보존이 잘 된 깨끗한 화석을

<그림51> 발파 작업.

<그림52> 발파 뒤의 현장 사진.

<그림53> 화석을 찾는 조사원.

<그림54> 화석을 찾기 위해 층리면을 따라 쪼갠다.

<그림55> 암편(岩片) 제거.

<그림56> '청소하기'

얻을 수 있다. 조사원들은 부숴진 돌들 사이에서 화석을 찾아 나선다.(〈그림53〉, 〈그림54〉)

그러나 이번 발굴은 공룡 발자국 화석을 찾는 것이 주된 목적이었으므로, 발자국 화석은 걸어간 길이 길수록 좋은 화석이며 여러 종류의 공룡 발자국 또는 새 발자국이 같은 지층면에 나타나는 것을 찾기 위해서 지층을 한 겹씩 걷어 내어야 했다. 이때, 장비를 이용하여 지층을 한 겹씩 벗겨 내고 돌 부스러기와 먼지 등을 쓸어 낸다.(〈그림55〉, 〈그림56〉)

몇 차례 되풀이하는 작업 끝에 공룡 발자국 화석을 찾았다. 그러나 표면은 먼지로 덮여 있고 발자국들은 무질서하게 흩어져 있어, 먼지를 씻고 같은 모양의 발자국끼리 연결시켜 본다. 공룡류, 새 무리 또는 수각류 별로 수성 물감으로 빛깔을 칠해 보면 이들이 살아 활동할 당시의 모습을 쉽게 이해할 수 있다. 〈그림58〉은 화석을 발견하여 먼지를 쓸어낸 직후의 모습과 공룡 종류별로 빛깔을 칠한 상태이다. 공룡이 걸어간 방향도 중요한 요소이므로 줄자나 나침반을 놓고 사진을 찍는다.

〈그림59〉는 공룡 무리의 발자국 위에 다시 수각류나 새 무리가 발자국을 남긴 모습이다. 여기서 우리는 세 종류의 공룡이 같은 시기에 이곳에서 살았다는 증거를 얻을 수 있다. 수각류는 육식 공룡이다. 초식 공룡들은 수각류 같은 천적들과 같이 살았던 것이다. 족제비와 닭이 서로 쫓고 쫓기면서 둘의 발자국이 같이 찍히는 경우와 같다. 발자국 화석의 연구 방법은 발자국이 보여 주는 각종 요소를 측정하는 일로

〈그림57〉 화석 발견.

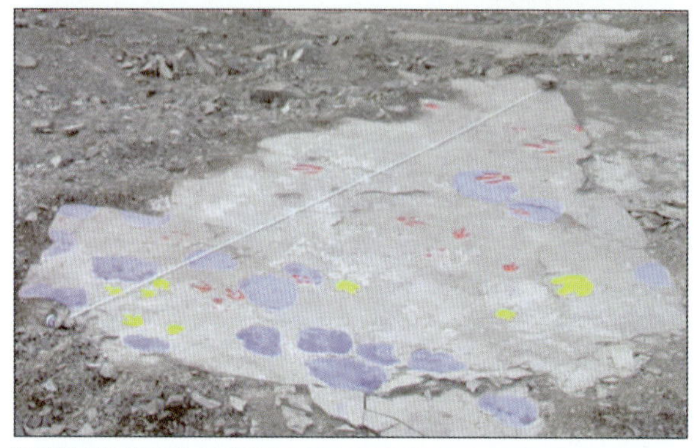

〈그림58〉 공룡의 종류를 구분하여 채색한 상태. 줄자의 방향은 남북 방향.

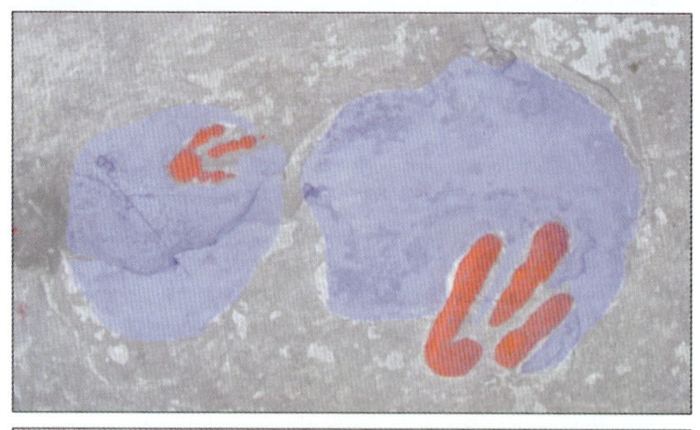

〈그림59〉 둥근 초식 공룡 발자국 위에 조각류나 수각류 발자국이 있다. 당시 공룡들의 생활 상태를 알려 준다.

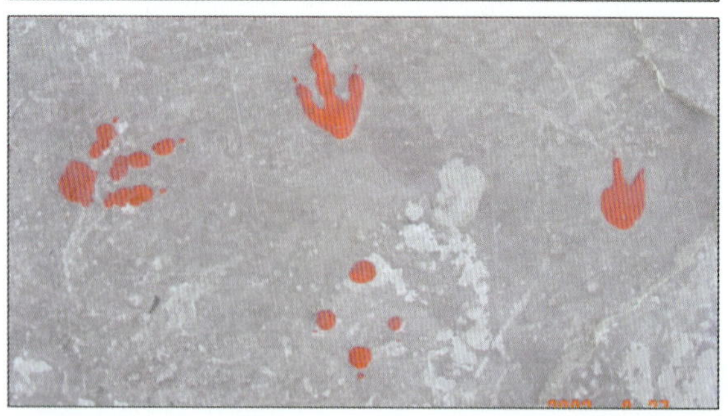

〈그림60〉 약 1제곱미터 안에 네 개가 밀집된 발자국. 수각류들이 많이 살았음을 보여 준다.

<그림61> 한 조사원이 발자국을 재고 있다.

<그림62> 실리콘과 거즈 바르기.

<그림63> 실리콘과 거즈 말리기.

<그림64> 실리콘을 바른 면 위에 FRP액을 바른다. 마른 뒤 다시 바르고 유리 섬유를 얹고 또 바른다.

시작된다. 측정 요소로는 발자국의 폭과 길이, 발자국의 깊이, 발자국 사이의 거리(보폭), 걸어간 방향 등이 있으며 네 발로 걸어 다니는 공룡의 경우는 좌우 발자국의 폭도 측정한다. 그리고 사진 촬영을 하고, 그림을 그린다. 야외에서 발자국 사이에 연결이 잘 안 되는 경우라도 그림을 그려보면 쉽게 이해가 된다.

공룡 발자국 화석을 더욱 상세하게 연구하기 위해서 그리고 보존하기 위해서 복사판(레플리카)을 뜨기도 한다. 〈그림62〉와 〈그림63〉은 복제를 위해서 실리콘을 화석 표면에 바르는 작업, 그리고 이 위에 거즈를 바르고 또 실리콘과 거즈를 몇 차례 바르는 장면이다.

거즈와 실리콘이 충분이 마르고 나면 이 위에 다시 FRP 수지와 유리 섬유를 겹쳐 바른다. 이것들을 발라야 화석 모양을 찍은 실리콘을 보호할 수 있기 때문이다. 실리콘과 유리 섬유 모두 인체에 해롭기 때문

116

〈그림65〉 FRP의 면에서 화석이 있는 곳을 가리키는 조사원.

〈그림66〉 암편을 떼어 내기 전에 숫자를 적은 모눈종이를 붙여 놓으면 복원 할 때에 편리하다.

〈그림67〉 떼어 낸 암편을 보관함에 담아 놓은 모습.

〈그림68〉 초소형 수각류의 발자국. 두 종류 발자국의 길이는 약 9센티미터와 14.5센티미터이다.

에 조심해야 한다.(〈그림64〉)

〈그림68〉은 충분히 굳은 뒤에 떼어 낸 모습이다. 다음 작업을 쉽게 할 수 있도록 폭은 100센티미터 안팎으로 만든다. 복사판을 만들 때 틀이 된다.

지금까지는 화석을 현장에 두어야 할 경우에 실리콘 같은 화학 약품을 이용하여 복제를 만드는 과정을 알아보았다.

그러나 도로 건설 같은 이유로 화석을 현장에 그대로 둘 수 없는 때에는 잘라 내어 옮겨서 보관하여야 한다. 주로 대학이나 박물관에 보관하며 이번 경우는 고성 자연사박물관에 복원, 전시하고 있다.

잘라 내어 옮겨 놓은 다음에 복원하는 과정은 〈그림66〉~〈그림72〉 와 같다.

〈그림69〉 물갈퀴 새 발자국 두 개(왼쪽)와 초소형 수각류 발자국 한 개.

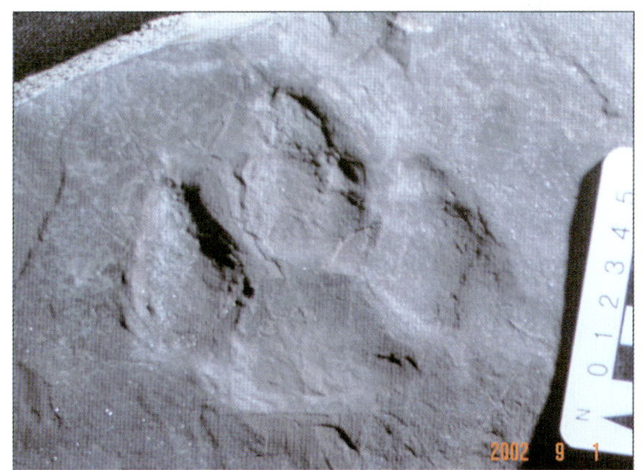

〈그림70〉 현생 포유류의 발자국을 닮은 수각류 공룡 발자국.

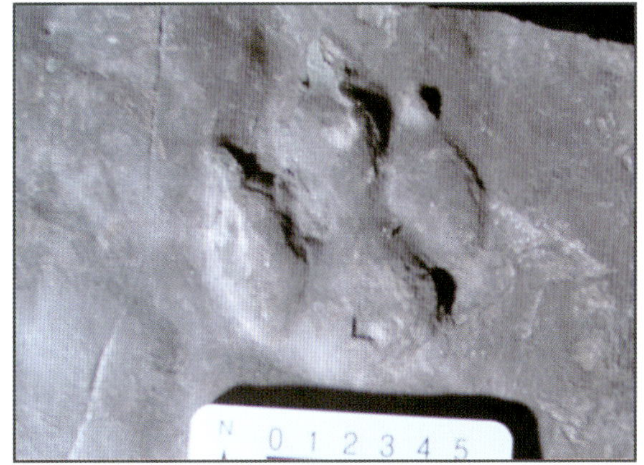

〈그림71〉 〈그림70〉 수각류 공룡 발자국의 주형.

<그림72> 물갈퀴 새의 발자국.

　<그림66>는 화석이 찍힌 지층의 일부분을 떼어 내는 광경이다. 다행히 이번 경우는 지층이 5센티미터 이하로 얇게 떼어져서 작업이 쉬웠으나, 어떤 경우에는 30~40센티미터 또는 그 이상으로 떨어져 나와 작업을 어렵게 하기도 한다. 표면에 흰색의 종이가 보이는데 여기에 숫자가 씌어져 있다. 이는 다시 붙여 복원할 때 쉽게 제자리를 찾을 수 있도록 하기 위해서이다. 숫자는 번지 또는 좌표 값인 것이다.

　공룡 발자국 화석을 발굴하면서 조각돌에서 많은 화석이 발견되었다. <그림68>은 크기가 매우 작은 수각류 공룡 발자국 화석이다.

　<그림69>는 왼편에 물갈퀴 새의 발자국 화석 두 개와 아주 작은 수각류 공룡 발자국 한 개가 보인다. 물갈퀴 새는 발가락 사이에 막이 있어 그 모양이 부채꼴이다. 수각류의 발자국과 같은 모양의 화석이 발굴한 지층면에서도 나왔다.

〈그림70〉은 다른 지역에서 나오지 않은 매우 희귀한 화석이다. 이번 조사에서는 육식 공룡의 발자국으로 해석하였지만 포유류의 조상이 아닐까 하는 의문도 갖게 하는 발자국 화석이다. 크기가 8센티미터 안팎이며 모양과 크기로 보아 큰 사자의 발자국 정도로 생각되나 이 당시 이렇게 큰 포유류가 있을 수 없으니 일단 수각류 공룡 발자국 화석으로 인정할 수밖에 없다.

또 다른 물갈퀴 새의 발자국 화석이 조각돌에서 발견되었다(〈그림72〉). 발자국의 평균 크기는 폭과 길이가 각각 5.03밀리미터와 4.5밀리미터이다.

8. 발굴한 화석의 활용

공사 등으로 현장에 그대로 둘 수 없으면, 화석을 잘라 내거나 복제하여 안전한 곳에 옮겨 보관하고 이를 학술 연구나 교육 자료 또는 문화재 자료로 활용하게 된다. 하동군 금남면 환치마을의 복족류 화석을 복제하고 절단하여 진주교육대학교에 보관, 학술 연구나 교육 자료로 활용하고 있는 사실은 앞에서 소개하였다.

여기서는 진주시 진성면 상촌리에서 도로 공사 때문에 부득이 복제하고 절단하게 된 공룡 발자국 화석의 활용에 관하여 실제 복원, 활용하게 되는 과정을 상세히 소개한다. 그리고 천연기념물 제395호로 지정된 진성면 가진리의 새 발자국 화석 산출지의 활용 실태를 알아본다.

상촌리 공룡 발자국 화석의 복원 및 활용

발견된 화석층 가운데 갖가지 종류의 많은 발자국 화석이 좁은 공간에 보존되어 있는 화석층을 선택하여 미리 복원을 염두에 두고 조심스레 떼어 내었다. 이 과정은 다음과 같다.

먼저 화석 표면에 실리콘을 바르고 모눈종이를 붙인 다음 좌표 값을 적어 넣는다. 그리고 바위 결을 따라 바위 조각을 떼어 낸다. 이때 종이는 그대로 두어야 조각을 붙일 때 도움이 된다. 작은 조각들은 접착제로 붙여 운반이 가능한 정도의 크기로 만든다. 무게를 감안하면 한 변이 50센티미터를 넘지 않는 것이 좋다. 조심스레 떼어 낸 바위 조각(화석이 보존된)은 사전에 관계기관의 허가를 받은 고성 자연사 박물관으로 옮겼다.

운반된 화석을 복원하려면, 일단 평탄한 장소에 옮겨 놓은 다음 면

<그림73> 화석 떼어 내기.   <그림74> 떼어 낸 화석 조각.

저 작은 조각은 접착제로 붙여서 운반이 가능한 범위 안에서 큰 조각으로 만든다. 이때 화석 표면에 붙어 있는 모눈종이의 숫자를 보고 이웃 조각을 찾을 수 있다.

큰 조각을 만든 다음에는 원래 모습대로 맞추어 본다. 이때 현장에서 떨어져 나온 조각들도 필요하므로 버리지 않고 가져와야 한다.

복원 설치하는 장소는 평면 바닥이 바람직하나 공간 면적이 좁을 때는 벽면에 비스듬히 고정하여 설치해도 좋다. 이번 경우는 평탄한 공간이 있어 모래를 이용하여 바닥을 고른 다음에 큰 조각들을 배치하였다. 빈틈은 안료를 섞어 만든 석회 따위로 메웠다.

모눈종이를 제거한 뒤에는 표면을 보호하고 또 암석의 빛깔이나 보존되어 있는 발자국이나 퇴적 구조가 잘 보이도록 화학 약품인 비닐아세테이트를 얇게 바른다.

그리고 잘 보이는 곳에 설명판을 세운다.(이상 <그림73>~<그림81> 참조)

<그림75> 화석 조각을
복원 장소로 옮겨 원래
대로 모아 본다.

<그림76> 방안지 눈금
을 보고 작은 조각들을
붙인다.

<그림77> 큰 조각들을
다시 원래 모양대로 맞
추어 본다.

〈그림78〉복원 설치할 장소의 바닥을 모래나 시멘트로 평탄하게 만든다.

〈그림79〉 큰 조각들 맞추기.

<그림80> 빈틈 메우기.

<그림81> 약품으로 표면 처리.

128

진성면 가진리 새 발자국 화석의 활용

10여 년 전, 진성면 가진리 경남과학고등학교 부지 안에서 경남학생과학관 건축 공사를 하던 도중 새 발자국 화석 등이 발견되어 문화재 보호를 위해 공사가 중지되었다. 관계기관의 허가를 얻어 발굴 조사를 한 뒤 천연기념물지역으로 지정되는 과정을 거치는 동안 공사는 다시 이루어지지 않고 화석의 표면은 모래와 방수 물질로 덮어 놓은 채 많은 시간이 지났다. 한때 진주시에서 이 화석을 다시 드러내고 지붕을 씌워 학생 및 일반에 공개할 계획을 세운 적이 있었으나 예산 문제로 미루다가, 경남교육청에서 예산을 확보하여 공사를 다시 하면서 이 화석이 빛을 보게 되었다. 학술 및 교육적으로 활용할 충분한 가치를 인정받게 되었기 때문이다.

경남자연과학원에는 자연사관, 새 발자국 보호각, 과학 전시관 및 천체관 등을 만들어 새 발자국을 포함하여 많은 표본들을 전시할 예정이다. 공사가 잘 진행되면 자연 그대로의 화석을 실내에서 관찰할 수 있어 화석의 보존 및 활용에 더 없이 좋은 방안이라 본다. 그리고 다른 여러 전시물과 조화를 이루는 종합적인 전시 시설이 마련되어, 경남 과학의 든든한 밑거름이 될 것이다.

〈그림82〉 경남자연과학원 완공 예상도 (2007년 11월 개원)

지질용어 풀이

각섬석(角閃石)　검은빛 또는 진한 푸른빛을 띠는 광물. 화강암(花崗岩)을 이루는 광물의 일종.

개형충(介形蟲)　민물이나 바닷물에 사는 작은 갑각류(甲殼類)의 일종. 오스트라코드(Ostracoda).

건열(乾裂)　점토나 뻘 내의 수분이 증발하여 갈라진 구조. 돌이 되어도 같은 뜻으로 쓰임.

경상누층군　주로 경상남북도에 자리 잡고 있는 중생대 백악기에 쌓인 지층들의 집합. 아래로부터 신동층군, 하양층군 및 유천층군으로 이루어짐.

고수류(古水流)　과거 지질시대의 물의 흐름.

관입(貫入)　마그마가 기존의 암석 속으로 들어와 화성암체(火成岩體)를 만드는 과정.

구과류(毬果類)　침엽수. '송백류(松柏類)'와 같은 말.

낙동층　경상분지에 자리 잡은 지층 이름의 하나. 경상누층군의 가장 아래층.

노두(露頭)　땅 밑에 있는 기반암의 일부가 지표에 드러나 있는 부분. '전석(轉石)'과 대응되는 개념.

누층군(累層群)　여러 층군(層群)들을 묶은 단위.

단괴(團塊)　퇴적암(堆積岩) 속에서 만들어진 단단한 덩어리. '결핵체(結核體)'와 같은 말.

동명층	'진주층'의 다른 이름.
드래그 폴드(drag fold)	단층선 부근에 생긴 S자 모양의 틈들.
물결자국	물결 자국물 속이나 사막에서 모래나 진흙이 쌓인 표면에 물결 모양의 구조를 보이는 것. '연흔(漣痕)'과 같은 말.
박리작용(剝離作用)	풍화작용으로 암체가 종이처럼 얇게 벗겨지는 현상.
반심성암(半深成岩)	암맥과 암상 등 소규모의 관입암체.
백악기	중생대를 세 기(期)로 나눈 마지막 지질시대.
불국사화강암	백악기 말에 경상누층군에 관입한 화강암.
빗방울 자국	부드러운 점토층 위에 빗방울이 떨어져 남긴 흔적.
사층리(斜層理)	주층리에 대하여 경사진 층리.
시프리데(*Cypridea*)	개형충의 한 속.
생란작용(生亂作用)	퇴적물 속에 사는 생물들의 활동으로 퇴적물의 구조가 변화되는 것.
석영(石英)	무색 투명한 광물. 화강암의 주성분. 차돌의 주성분.
성층면(成層面)	퇴적암의 지층면. '층리면(層理面)'과 같은 말.
수각류(獸脚類)	공룡 가운데 용반목(龍盤目)에 속하는 육식 공룡. 대개 두 발로 걸었으며 날카로운 발톱과 강력한 발을 가졌음.
신동층군	경상누층군을 구성하는 3개 층군 가운데 아래

에 오는 충군.

심성암(深成巖)　　　마그마가 지하 깊은 곳에서 식어 만든 화성암.
화산암과 대조됨.

양파 구조　　　지표의 암석이 양파처럼 여러 겹으로 풍화된
구조.

에스테리아(estheria)　겉모습이 조개와 비슷한 절지동물. 크기가 10
밀리미터 안팎.

엽지개(葉肢介)　　　'에스테리아' 의 중국식 표현.

용각류(龍脚類)　　　용반목 용각아목(龍脚亞目)에 들어가는 공룡
을 두루 이르는 말. 초식성으로 네 발로 걸었으
며 발자국은 대략 코끼리 발자국과 비슷한 둥
근 모양을 보임.

유삼각조개　　　중생대 조개류의 한 가지 속명

유천충군　　　경상누층군을 이루는 3개 층군 가운데 가장 위
의 층군. 화산암과 화산 관련 퇴적물로 구성됨.

육괴(陸塊)　　　주변의 암석보다 단단하고 거대한 암석들의 큰
덩어리.

윤조(輪藻)　　　말[藻]과 같은 식물로서 생식기관의 일부가 좋
은 표준화석으로 인정받고 있음. '차축조(車軸
藻)' 라고도 함.

전석(轉石)　　　기반암의 조각이 원래 위치에서 떨어져 나온
것. '노두(露頭)' 와 대응되는 개념.

조각류(鳥脚類)　　　공룡을 발자국으로 구분할 때 새 발자국과 비

숫한 모양을 보이는 발자국 종류 또는 그 발자
국 임자.

조륙운동(造陸運動) 큰 규모의 융기나 침강.

조산운동(造山運動) 습곡 산맥을 만드는 대규모 지각운동

주상도(柱狀圖) 지층이 쌓여 있는 상태를 기둥 모양으로 길게
그린 그림.

주향(走向) 지층이 가상적인 수면과 만나서 이루는 선의 방
향. 경사와 더불어 지층이 현재 놓여 있는 모양
을 설명하기 위한 개념.

쥐라기 중생대를 세 기로 나눌 때 두 번째 지질시대.

진동층 경상분지 남서부에 자리 잡은 하양층군의 가장
위에 오는 지층. 공룡 발자국 화석이 많다.

진주층 경상분지 남서부 남해 끝에서 북쪽 끝까지 연장
되는 흑색 또는 회색 사암과 셰일이 반복되어
나타나는 지층 이름. 식물 화석을 많이 포함.

지향사(地向斜) 지각의 일부가 몇 킬로미터 넘게 길게 침강하여
퇴적 분지를 만든 곳.

층리면(層理面) 퇴적암의 지층면. '성층면(成層面)'과 같은 말.

층준(層準) 지층이 쌓인 순서에서 어느 특정 위치를 가리키
는 말.

칠곡층 경상분지의 서편에 자리 잡은 지층의 이름. 진
주층 바로 위의 지층.

퇴적 분지 지각변동으로 큰 분지가 생겨서 퇴적물이 계속

쌓인 지역.

표식지(標式地) 지층을 대비하거나 비교할 때 표준이 되는 지층이나 암석이 분포하는 지역. ‘모식지(模式地)’ 와 같은 말.

표준화석 지층의 시대를 알려주는 화석.

하성(河成) 하천에서 만들어졌다는 뜻의 접두어.

하산동층 경상분지 서쪽에 자리 잡은 지층으로 가장 아래의 낙동층 바로 위에 온다.

하양충군 경상누층군을 이루는 3개의 누층군 가운데 중간에 위치함.

함안층 경상분지 퇴적지층 가운데 거의 중간에 위치하는 지층으로 함안 지방에 넓게 자리 잡고 있다. 새 발자국이 많이 발견됨.

호성(湖成) 호수에서 만들어졌다는 뜻의 접두어.

호소(湖沼) 호수나 늪지.

호층(互層) 두 종류 이상의 서로 다른 층들이 반복해서 쌓여 있음을 뜻하는 말.

화산암(火山岩) 화산 활동으로 생긴 화성암.

화강편마암 (花崗片麻巖) 변성작용을 받아 화강암과 같은 광물조성을 갖게 된 편마암. 우리나라에 많이 분포한다.

화산재 화산이 폭발할 때 나온 2밀리미터 이하의 작은 알갱이들.

흑운모(黑雲母) 까만색을 띠는 운모.